U0056629

des écoles.
confits dans une
demeures
devenir

一路以來喝咖啡喝到現在

回想起來，從國中一年級快結束時，就愛上喝咖啡這件事了。明明不知道這麼喝是好還是不好，但我還是理所當然地一直喝，想必直到死的那一天都會繼續喝下去吧！

剛開始學烘焙的時候，常去不同的地方喝咖啡，目的是為了喝看看自己的咖啡是否略勝別人一籌，也曾經自以為是地替其他店家排名，或是自以為別家店的咖啡比自己的還好喝，漸漸地，我開始討厭喝咖啡，一點也不享受喝咖啡這件事。

某天突然下定決心地告訴自己：「我就是我，只要盡力做到自己能做的事情就夠了」之後，眼前的世界突然豁然開朗，心中的陰霾也一掃而空。真是的，這就是初學者會犯的錯嘛！雖然有點自信，卻也挾雜著一些不安。那時候真的很在乎別人的一舉一動。其實我這種人平常是不太去管別人怎麼想的。

不過，喝咖啡是不會帶來不幸的喲！不管咖啡本身好喝還是難喝，我在準備做一些事情之前都會喝咖啡，漸漸地也養成好學的個性。在好奇心的前方總會是咖啡。所以現在也一邊喝咖啡，一邊從事咖啡的工作。

即便是旅行出遠門，我也都在喝咖啡。果然喝咖啡這件事沒有終點的。但是，我已經不會傻得邊喝邊評比咖啡了。只要能感受到咖啡是如何與當下的氣氛融合的，我就已經心滿意足了。

不過不過，我還是盡可能想喝到美味的咖啡啦。

中川鱷魚［中川鱷魚咖啡］

早安

早上起床第一件事就是先讓房間的空氣流通。

我將房間兩端的露台大門推開，讓風竄入房間裡，然後看著天空拍張照片。這是我每天早上起床必做的儀式。

天空看似不變，但每天的景色都不同。

我每天都會尋找「當天早上最特別的事」，即便天氣與季節有所不同。

我都會看著天空想：「今天要喝什麼樣的咖啡呢？」

咖啡的烘焙與沖煮其實是日復一日的重覆動作。

不過，當天的溼度以及咖啡豆的好壞，還有為了表現自己而調配咖啡豆比例的中川鱷魚咖啡是不會有相同的味道的。

就像每個人看到天空的景色時，當下都會做出不同的解釋

咖啡也會隨著每個人的品嘗方法而截然不同。

自從知道這件事之後，我開始尋找「屬於自己的美味」。

能夠了解具有自我特色的品嘗方法，真的比不了解來得有趣多了。

這世上有多少人，美味的種類就有多少種。

「超好喝的耶！」當然很重要

但是若能加上「超有趣的耶！」我覺得美味的世界裡就藏著∞（無限多種）可能性。

若是能跟別人分享專屬我的天空（咖啡），那一定會變得很有趣。

而這種心情就是中川先生的員工咖啡。

嫁作人婦是很忙的，忙得沒時間凝望天空。

準備早餐、打掃、洗衣服、幫忙老公準備烘焙事宜、忙得一點空閒都沒有。

所以我才要大聲地說。

請一起品嘗咖啡，然後一起變得開心吧！

中川京子［員工咖啡］

目錄

◎什麼是「員工大人」…

「老婆大人」→「平常煮飯（煮咖啡）的人」→「員工大人」的意思，不知不覺，我把老婆大人（京子）稱為「員工大人」。
這是一本從中山先生這位烘焙資歷21年的專家看咖啡的書（由中山先生執筆的頁面會插入側臉的插圖），其他的頁面則是員工大人與咖啡的生活插曲。

＊食譜所用的單位：1小匙＝5mℓ、1大匙＝15mℓ。

第1章 咖啡與每一天

到底什麼是好喝的咖啡？某天，咖啡就這樣闖入原本完全不喝的我的生活。「心裡想著今天會是怎麼樣的一天呢？」我用全拌在一起的不安與興奮的心情迎接早晨。每次尋找好喝的咖啡，就會遇見愛喝咖啡的人們的笑臉。這是未曾嘗過的感覺。興奮之情也逐漸膨脹。

煮飯、煮咖啡。心情都一樣

每天都要煮飯。這是再自然不過的日常行為了。說是煮飯，其實也是交給電鍋負責，我只負責按下開關而已。「而已？」不對不對，不是這樣啦。

要把米煮飯來吃，得先選米，洗米，然後依照當天的身體狀況與想吃的軟硬調整加水的量再煮。電鍋的使用方法與加水的刻度都是固定的，再了解使用方法後，我都會自行選擇米的種類、洗米次數與水量。就連配菜也是自己決定。

「咖啡」也是一樣。我覺得它就是平凡無奇的日常生活。我煮咖啡的方法很固定，也很了解使用的工具。要煮成什麼味道都是憑感覺。

想吃硬一點的飯就少加一點水。如果能煮出預期的硬度，我就很開心。老公吃了之後說：「今天是我最喜歡的硬度」，我會有被稱讚的感覺，我自己也會覺得很好吃，然後把配菜吃光光。

煮熱水，把咖啡豆研磨成喜歡的粗細，再倒入濾紙裡。將煮沸的水倒入沖煮壺裡，然後坐在椅子上，深呼吸，嘴裡一邊喃喃念著「溫柔地倒入熱水」，表情在無意識下放鬆，一邊想像想喝的味道。

今天會煮出什麼味道呢？點心就選那個吧。

煮飯、煮咖啡。對我來說，感覺都一樣。

到底，味道怎麼樣呢？

咖啡與高麗菜

一早，打開窗戶，打掃家裡。結束後，就準備早餐。向來做事隨性的我，常把茶壺當成煮蛋的鍋子的鍋蓋使用，所以水煮蛋總是會有條細細的裂縫，蛋殼也比較好剝，而且還可以省下煮沸熱水的時間，煮咖啡也變得更快，簡直就是一石二鳥。省下來的時間讓我能更從容地煮咖啡。或許你會覺得「你說得太誇張了啦！」，但是，即便是些許的從容，都會反映在咖啡的味道上，所以這麼點時間是很重要的喔。

我老公鱷魚先生的早餐固定是沙拉、吐司、水煮蛋跟水果。一大杯的水配熱牛奶與冰咖啡。你問我為什麼是冰咖啡？我後面會解釋，所以現在先把注意力放在高麗菜吧。

不管是早中晚，中川鱷魚先生家的餐桌絕少不了咖啡跟沙拉。在習慣這兩樣東西之前，可是費了一番苦功呢。365天切高麗菜可是相當麻煩的事喔！老公鱷魚先生雖然說我「太誇張」，但事實上，一週可是吃了快兩顆高麗菜耶。

「切高麗菜很辛苦耶！」在習慣之前，有時候這件事會變成笑梗。我完全沒想過高麗菜會成為我人生的煩惱！每當我想著「要吃到好吃的高麗菜，該怎麼做？」就會牽掛要用菜刀切得多細這件事。「咦？每次要吃多少才切多少嗎？」我希望老公問我這件事。雖然現在可以笑著說：「總算上手了」，但當時可是覺得很煩惱的。每天精進、每天努力，每天身邊的人都會給我建議，所以才能成就現在的沙拉。

從容與均衡，喝咖啡也很重視當天的心情呢。

懂得生活、懂得咖啡

明治時期的奶奶很喜歡喝咖啡。長年來，一直保有喝咖啡習慣的她是個忙碌的人，所以只喝即溶咖啡。早餐是麵包搭咖啡，忙完田裡的工作後，再喝杯咖啡。奶奶在我的回憶裡是位「很有格調的人」。

媽媽也很愛喝咖啡，所以才帶我去咖啡館。雖然家裡的都是液體咖啡，不過我還是有種「媽媽很喜歡咖啡」的感覺。

身為女兒的我是完全不喝咖啡的。即便是牛奶咖啡，我都覺得苦得難以入口，所以媽媽看到現在的我，總是覺得很不可思議。是啦，最覺得不可思議的是我啦。

因緣際會之下，咖啡進入了我的生活，而這也是我真正的生活。像是每天煮飯一樣煮咖啡，有時也會將咖啡加入料理裡。晚上會配著最喜歡的甜點喝咖啡，做為一天的總結。雖然花了不少時間才習慣這種生活節奏，但是當我想起「每天都以咖啡為樂的人們」，心中就會湧現強烈的共鳴，也越來越喜歡咖啡。尤其媽媽那個世代的人，都會以自己喜歡的煮法，一邊說著：「我什麼咖啡都愛喝喲」，一邊煮咖啡，我覺得他們知道很多很道地的品嘗方法，而且每當我有這種感覺，我都覺得「他們真是好有品味啊」。

我身邊有比我年輕，一邊努力帶小孩，一邊享受咖啡的女性朋友，她每次都手工烘焙「家人要喝的咖啡豆量」。烘焙、沖煮、然後喝咖啡，與咖啡的接觸就是生活的一部分。我看到那些享受著咖啡的人，心情也跟著好起來。

回過神來才發覺，那位媽媽也是用手沖的方式煮咖啡。「我再也喝不了其他的咖啡了」，我忍不住佩服她說的這句話。

媽媽的咖啡

在金澤老家，每晚都喝婆婆煮的咖啡。「在一天的尾聲，要不要休息一下？」的這個時間點，跟著讓心情完全放鬆的甜點一起出現的婆婆牌咖啡是我最愛的咖啡。

即便是同樣的咖啡豆，煮出來的咖啡味道也會因人而異。即便煮的是同一個人，每次煮的味道也都不一樣。雖然是這麼有趣的飲料，但婆婆每次煮的味道卻一樣。明明每次帶回老家的伴手禮咖啡都不一樣，煮出來的味道卻曾未改變過，真教人覺得不可思議。

所以我問了問鱷魚先生：「為什麼婆婆總是能煮出一樣的味道？味道都一樣這點很怪吧？」

鱷魚先生「咦？」的一聲急忙喝了口再熟悉不過的媽媽牌咖啡。「味道的確都一樣。是我很常喝的味道，所以我沒想過這件事。到底是為什麼呢？」連專業的烘豆師都不了解的事，我當然也不可能會懂。

於是我鼓起勇氣拜託婆婆：「能不能讓我看看煮咖啡的過程」看著有點靦腆地回答：「好啊」的婆婆，真讓我想找個洞鑽。說完「鱷魚先生也想一起看喲」之後，我又補了句：「因為我一個人看會不好意思啦」。

這只有兩人的咖啡教室真是興奮又緊張，不過從中途開始，就跟鱷魚先生每天講個不停的動作相反，婆婆看起來也很樂在其中。非常溫柔，又帶點激烈的煮法。我心想，這就是「媽媽牌咖啡」的祕密吧。跟婆婆說了謝謝後，我端著剛煮好的咖啡與甜點，走回鱷魚先生的房間。「是怎麼樣的煮法？」鱷魚先生也很想知道。不過，這祕密只屬於我一個人。

咖啡占卜

喝一口咖啡，就能從中感受那個人的氣質。我想，性格與當天的身體狀況或心情，都會溶入咖啡裡。靠咖啡的滋味猜中咖啡師這個人的氣質與心情，是鱷魚先生的獨門絕技之一。

在咖啡教室的時候猜得最準。即便沒跟在學生旁邊，只要喝一口咖啡，就能知道剛剛學生是怎麼煮咖啡的。他總是瀟灑地說：「如果煮的節奏再好一點，味道就會有所改變喲！」如果連性格或身體狀況都說中的話，學生就會露出一副既驚訝又佩服的表情。

每天跟烘豆師一起生活後，雖然不像鱷魚先生那麼厲害，但我似乎漸漸了解箇中訣竅，也對鱷魚先生說的話產生共鳴。每天面對咖啡、煮咖啡，心情真的會溶入咖啡裡，要說是理所當然，還真的很理所當然，但要說是不可思議，那絕對是很不可思議。

用自己的味道來想，就不難理解早上是怎麼一回事。上班前煮的咖啡不太好喝。理由很簡單，因為腦袋裝的都是出門要準備什麼東西，以及接下來要按部就班做那些事。這時候通常得一邊準備早餐，一邊想著要煮出好咖啡，所以心情也溶在咖啡裡。雖然我會一直提醒自己要冷靜，但是越提醒，「心裡就越是焦急」。

相反的，如果是晚上喝的咖啡，就能煮出一杯芳香濃郁的咖啡。晚餐結束後，把一天的疲勞拋在腦後，享受專屬自己的時光之際，心情自然而然變得沉著、放鬆，而這些心情也自然地反映在煮咖啡這件行為上。像是啜飲美酒般品嘗著咖啡的烘豆師總是毫不留情地說：「明明晚上就能煮出好喝的咖啡，為什麼早上就煮不出來咧？」雖然我心裡想的是「因為早上很匆忙啊！」但每個人早上都一樣匆忙，所以我很認真地思考，要讓早上的那些忙碌化為咖啡的味道嗎？結果，咖啡的味道又因為我的這些煩惱而變得混濁……煩惱總是剪不斷，理還亂，而這樣的心情也會反映在咖啡的味道上，所以不知道從何時開始，我開始透過咖啡來審視當天的自己。

若是身體狀況不佳或心有罣礙，煮咖啡的時候就會莫名地難以釋懷，而煮出來的咖啡果然就是那個味道。所以，當我意識到「今天的狀況不太好」，提醒自己不用太過勉強時，反而能煮出味道還可以的咖啡。如果眼前發生了一些令人興奮或快樂的事情，這份「快樂」就會成為美妙的辛香料，讓人有種「啊！好好喝的咖啡，整個人都清醒了～」的感覺，也會覺得什麼都可以占卜一下，也能坦率地面對自己。

焦慮、從容、悲傷、喜悅，身體狀況的好壞，透過咖啡聽聽自己的聲音。要懂得享受咖啡，就要先懂得放鬆緊繃的肩膀！說不定會從中發現全新的心情，咖啡也會就此紮根於生活。若是覺得咖啡充滿疲勞的味道，當天就不要太勉強自己，如果覺得是很有活力又好喝的味道，就盡情地享受當天的一切吧。總之人算不如天算，咖啡占卜就是我的心情溫度計。

鯉魚先生的註解

這真的很不可思議啊。剛開始舉辦咖啡教室時，我很不懂得評論學生的咖啡，但是我發現每個人都有煮咖啡的節奏，而且每個人的咖啡都有自己的味道，沒有好喝不好喝的問題，這宅是每個人都有專屬自己氣質的美味的意思吧。性子急的人，那份急躁也會反映在咖啡的味道裡。看起來很仔細，卻是很粗心大意的人，也會煮出與個性相符的味道。長期從學生煮的咖啡感受學生的個性之後，不知不覺，就能從咖啡看出煮的人的個性了。

第2章 咖啡與工具

要想品嘗咖啡的話，一開始要買的只有手沖壺跟濾紙。鱷魚先生從一開始就告訴我「請找出自己喜歡的咖啡風味」，所以我漸漸地了解，我需要符合自己心情的工具。清理、煮咖啡、喝咖啡，該有的工具一應俱全。了解味道與工具之間的關係後，每天的咖啡也越變越好喝了。

NAKAGAWA WANI COFFEE
TEL 03-5966-7801
FUJI

尋找符合自我風格的工具

進入咖啡的世界後，我特別想要「特別」的工具。這裡說的「特別」有很多含意，例如能多少讓沖煮的技術往上提昇一點的工具或是別人沒有的工具。因為這些工具都是鼓舞自己的素材，所以在挑選上才會如此慎重。用來品嘗咖啡的器具固然重要，但還是首重使用的工具。

鱷魚先生總像是洗腦般地跟我說：「很難會遇到讓你想大喊「哇～」的工具的啦！」遇不到就只能自己做，但還是願意花點時間尋找。雖然在心底偷偷地告訴自己，總有一天會遇鍾愛的工具，但還是請大家先看看我每天使用的工具。我常被問到：「到底該準備哪些工具呢？」希望大家能從中為我找到與鍾愛的工具相遇的契機。

首先要提的是咖啡壺。這個壺必須能將煮沸的熱水倒至另一個壺裡，然後要能控制熱水的量。

其次是濾杯與濾壺。濾杯的製造商並不多，從中挑選適合自己品味的就可以。不過，接咖啡用的濾壺卻有無限多種，可挑選能突顯本身個性的種類。挑選這兩種工具的重點在於「自己想要品嘗哪種味道」。挑完後，形式就決定了。當然，外觀與方便性也很重要，所以才要慎重挑選。若是選用量杯，會很像是在做實驗，會讓人覺得很無趣，所以我選擇的是茶壺（用茶壺接咖啡）。即便看不到內容物，也能用身體記住味道與熱水的感覺，所以沒關係。

我也曾發生過很慘的事。咖啡豆怕潮溼、怕光線也怕熱氣，所以請盡可能放在能密封的容器保存。用來撈豆子的量匙也是沖煮的樂趣之一。能隨意撈出10g咖啡豆的量匙是最理想的選擇。

磨豆機是最後要選的工具。請依照想喝的咖啡選擇吧。

我的手沖壺能輕鬆地倒出熱水，所以要控制出水量，就得鍛鍊自己的技術。為了避免熱水滴得到處都是，手工製作的布是必需品。如果能用喜歡的攪拌棒攪拌咖啡，那麼就算是完美的收尾。

下一頁是鱷魚先生的專業級工具以及我的員工工具的比較。除了大小上的不同，在經驗值的部分也有差距。

鱷魚先生的註解

再怎麼好的工具，也有順手與不太順手的部分。所以只能自力彌補那些缺點，也是因為這樣，才會想要找到最接近自己心情的工具。如果是順眼的工具，缺點也會變優點，而且當這些工具慢慢地變成自己的工具時，也會帶來很多樂趣。咖啡工具如同廚師們非常重視的廚具。

鱷魚先生的工具們

員工的夥伴們

工具的介紹

手沖壺

煮咖啡就少不了手沖壺，而且也有讓沸騰的熱水稍微降溫的這層含意。挑選的重點在於能以自己的節奏決定出水量的粗細。煮咖啡的時候，看到膨脹得很大的泡泡會讓人很開心呢。

濾杯與濾壺

萃取咖啡液的工具與承接咖啡液的容器都是必須的用品。鱷魚先生總是使用大量的咖啡豆萃取很濃的咖啡，所以他使用的濾杯與濾壺都很大。我的則是一眼就愛上的透明濾杯。承接咖啡液的濾壺也是自己喜歡的。

濾紙

手沖時，會用到濾紙。與鱷魚先生的濾紙相較之下，大小有如大人與小孩的差異。若是選擇稍微大一號的濾紙，就不用擔心咖啡粉膨脹時會溢出來。

量杯

在需要立刻倒掉咖啡液的時候使用。或許有人會覺得「好可惜」，不過，如果煮出自己想要的味道之後，就可以把剩下的咖啡液倒掉。如果一定要煮到最後，咖啡液的味道就會變得混濁，也會變得不好喝。

量匙

用來計量撈取咖啡豆的量的必要工具，卻很難找到喜歡的。能隨意撈出10g咖啡豆的量匙是最理想的選擇，如果造型還很可愛那就更棒。如果能注意到折彎的量匙尖端就恰到好處。我很喜歡圓滾滾的形狀。

咖啡罐

於常溫保存咖啡豆的容器。大的那個是80年前製作的直筒罐。把要寄給客人的咖啡豆先放進去，咖啡豆會變得更香。我喜歡銅製的鱷魚罐。如果一起打開蓋子，香氣會立刻往外溢出。開化堂製。

photo　see page 24　25

磨豆機

將咖啡豆磨成粉的工具。要買咖啡豆還是買咖啡粉？都會讓樂趣與味道變得不一樣。現磨的咖啡粉在煮的時候會很膨脹，也能煮出好喝的味道。老公開始烘豆子的時候，我就把磨豆機當成嫁粧。兩台都是二手的。

接粉器

咖啡豆磨成粉之後，豆子就很容易到處飛散，所以必須找到能抑制飛散的容器。鱷魚先生模仿年輕時常去的咖啡店老闆，買了一個足以收藏的珍品。我則是使用朋友送的紅酒試飲杯。

攪拌棒

煮好咖啡後需要稍微攪拌一下。雖然不是必備的工具，但是可為煮好的咖啡增添風味。我都是一邊喃喃念著「變得美味吧、變得美味吧」，一邊攪拌咖啡。熱的、冰的、濃的、淡的、全憑我手中這根攪拌棒與當天的心情。

布

倒熱水或是從濾壺移開濾杯時，咖啡都可能會滴到桌子，所以需要先墊一塊布。我喜歡手做的，所以自己做了一塊布。這塊布被咖啡染了好幾次，我也很喜歡這些自然染成的花紋。

刷子

用來刷掉磨豆時，噴飛的咖啡粉。雖然也需要清潔磨豆機的工具，但是，只要一不留神，咖啡粉就會噴得到處都是，所以有把刷子在手邊是很方便的。我的刷子是剛從事設計業時，前輩送給我的寶物。

挑豆盤

自己手工篩選咖啡豆再沖煮，可以煮出比較沒有雜味、比較美味的咖啡。看著盤子上的豆子，然後心裡想著「這顆好像不太好喝」，然後就用手指彈開它。多花一道步驟，可更快找到自己喜歡的味道。請務必試試看。

左＝鱷魚先生的工具　右＝員工大人的工具
↓　　　　　　　　　↓

手沖壺

濾杯與濾壺

濾紙

量杯

量匙

咖啡罐

磨豆機

接粉器

攪拌棒

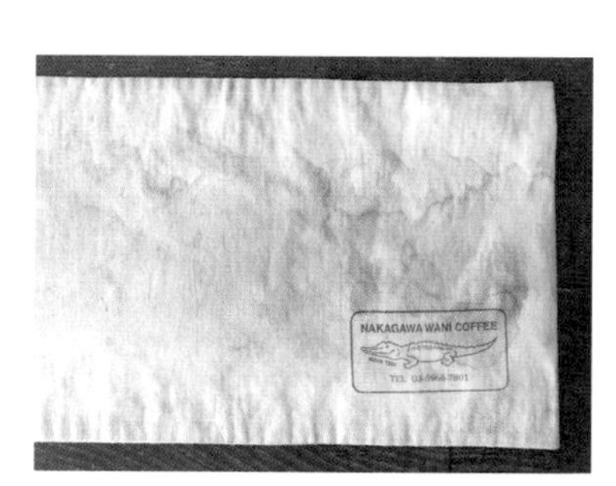

布

刷子

挑豆盤

圓錐好？還是梯形好？有關濾杯的介紹

每個月我都會在東京新富町的工具店「Sannohachi」舉辦「員工咖啡」。讓不同的人喝到我家的味道後，就以舉辦姐妹會的感覺開始。所謂的姐妹會，就是沒有老師，讓喜歡料理的人帶來食譜，然後邊作邊吃，我從小就很羨慕如此樂在其中的媽媽們。所以才一直想，能不能舉辦咖啡素人才有的同樂會，目的不是為了向專家學技術，而是能跟一般人分享快樂的事，知識就會普及。與不同的人一起邊吃甜點，邊喝咖啡，然後一起聊聊咖啡，也能從中學到沖煮的祕訣。

某天，我在那裡煮咖啡的時候提到：「如果能有方便掛住濾紙的工具就好了啊！」結果「Sannohachi」的鐵絲作家朋友就為我做了類似的工具。「好棒，真可愛」，做好的鐵絲固定座是梯形濾紙專用的。當我提到「要是也能用來放圓錐濾紙就好了」，立刻有人發問：「為什麼非得分成梯形跟圓錐形呢？兩種不是都不錯嗎？」現在的每個人都在想這個謎。由於沒有可以回答問題的老師，所以「查查看」變成我的功課。我問鱷魚先生：「今天從聊濾紙的事情，演變成『圓錐形與梯形不是都可以用嗎？』的討論，的確，不是只要用得順手，選擇哪種都可以嗎？」結果他回答：「用一杯咖啡的味道來想想」我邊聽，邊用圖案做筆記。

用一杯
咖啡的味道來想
相同濃度的味道

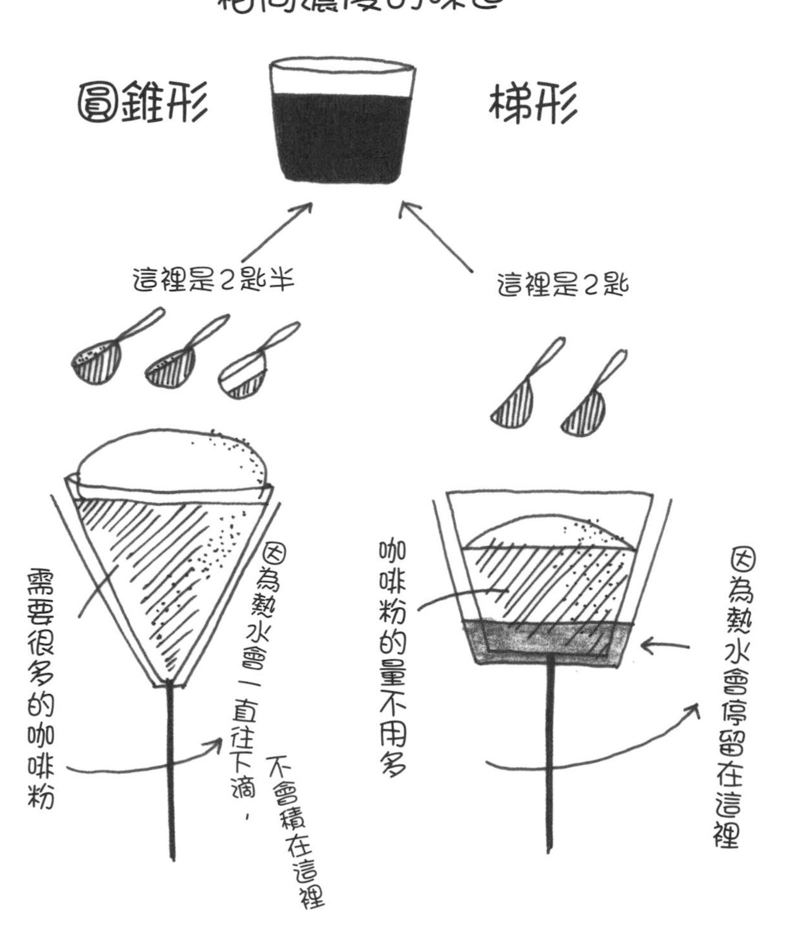

圓錐形→容易萃取出咖啡的「原味」（所以咖啡粉一定要好）。

使用大量的豆子來煮，可讓咖啡的味道變好。

梯形→不用太多豆子也能煮出一定程度的味道＝容易調整味道。

用少量的豆子也能煮出咖啡。

「是喔，豆子的量也會隨著工具的種類調整啊」我不禁如此重新思考。我的假設是「淺烘焙的豆子通常都會在咖啡粉較少的情況下快速沖煮」，所以就該用梯形的濾杯來煮才對。我告訴自己，非得趕快試煮看看不可。

鱷魚先生告訴我：「了解每種工具的優缺點再使用是很重要的喲。所以沒有哪種都好的這回事。」的確，在徹底了解用途後，我才能選出自己想使用的道。我覺得，咖啡真是不可思議的飲品，工具的用途、豆子的個性、熱水的溫度、咖啡粉的粗細都會造成味道的變化。有機會我一定要在姐妹會發表一下。

鱷魚先生的註解

右頁：濾杯有溝槽，而溝槽的形狀有很多種，而這些形狀會導致熱水的流速產生變化，咖啡的味道當然也會有所改變。左上角的濾杯是傾斜的溝槽，屬於熱水會自然旋轉流下的類型，旁的是只有下方有溝槽的濾杯，熱水不會留在圓錐的頂點部分，會一直往下滴。

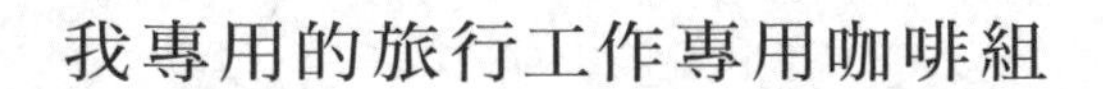

我專用的旅行工作專用咖啡組

其實我跟京都的職人們說要訂製在旅行地點工作時使用的咖啡工具已經過了四、五年，不過到現在還沒做好。不過一切的問題出在我沒跟職人們具體說明想要的形狀，也很貪心地想要做出能煮出各種原味的工具，害職人們不知道該怎麼配合我。而這也是因為拜託的職人們都是世代相傳的老舖繼承人，所以想要做出好東西的想法都很強烈，這不是理所當然的嗎？當然，我也不想害他們丟臉。如果只有我丟臉，那倒是沒關係啦。

濾杯、咖啡罐、茶壺與手沖壺、濾茶器、湯匙與咖啡杯，還有能整齊收納這些工具的箱子。這些都是獨創規格的特殊具。以濾杯而言，市面上最大規模的也只能煮六人份的咖啡，但我想要的是能煮十人份咖啡的濾杯，為此，就必須算出自己喜歡的咖啡萃取液滴落的速度，也必須花點工夫避免咖啡在萃取過程中變冷。若要打造能一次煮200公克豆子的濾杯，就必須連咖啡粉膨脹的體積都算進去，而這樣的濾杯恐怕會跟水桶一樣大（咖啡粉膨脹的體積請參考66頁）。

跟拜託的職人討論到這點之後，他告訴我，這種大小恐怕沒辦法單手拿，所以強烈建議我調整大小。我很堅持使用濾紙。看起來明明這麼簡單，卻是很有深度的工具，擁有其他工具所沒有的魅力，再加上我也想盡力鑽研它。

不管是忽略哪一個工具，都讓我很捨不得，所以只要不集中精力去訂做工具，真的會變成紙上談兵。雖然很像是老生常談，不過我真的很想把這些工具做成美麗又有品味的模樣，所以難度才會這麼高。不過，我想像總有一天能做出又棒又好用的工具，我也很期待它們亮相的那一天。製作者們的姓名 也是屆時的趣味之一。

員工大人的註解

如果能在旅行時自己煮咖啡，那是件很快樂的事。製作開化堂咖啡組的相關企劃是鱷魚先生著手進行的。「在旅行地的咖啡豆專賣店，將要喝的量磨成粉，然後放在這裡面，再帶回旅館。然後用房間的熱水壺煮熱水，再用茶壺煮，一定是件很有趣的事。代子是開化堂的媽媽手工打造的」。上方照片裡的旅行專用咖啡組是隨手攜帶的類型，也是我們外出旅行的必備品。我們總是帶著這些工具四處遊玩。咖啡豆罐、濾杯都能剛好放入一個罐子裡。

攪拌的工具

攪拌攪拌。

這是煮好咖啡之後，在我內心深處的小小愉悅。稍微攪拌一下滴落在濾壺裡的咖啡，同時心裡想著：「這次會是什麼味道呢？是不是煮出想像中的味道了呢？」然後嘴裡一邊念著「變好喝吧、變好喝吧！」然後在咖啡裡攪拌出漩渦。一起體驗這些動作的工具會因為是自己好不容易找到的心中所愛而變得更搶眼。建議順著當下的心情與狀況，選擇喜歡的攪拌棒。即便是看起普通的攪拌棒，也有可能會是獨具意義的工具，所以請大家務必試用各種攪拌棒。

從左到右

銀湯匙：湯匙根部有一些凹凸與彎曲。若是在稍微沒自信的時候使用，就會笑出來。

「村上食譜」的攪拌棒：我一眼就愛上這個攪拌棒，它實在太可愛了。這是村上先生送我的結婚禮物。棒子的前端是能撈一顆咖啡豆的湯匙形狀。是夢幻逸品般的攪拌棒。

竹湯匙：非常纖細精巧的竹子工藝品。會在想要煮少量咖啡或是濃一點的咖啡時使用。手拿的部分很纖細，感覺可以更平順地攪拌。

木湯匙：乍見之下很普通，但其實非常好用。
會在煮冰咖啡或煮大量咖啡的時候使用。
也會有種自己變得很可靠的感覺。

Dragon：這是二手的東西。是用讓小鳥休息的樹枝製作的。
用咖啡一直煮好幾天之後，就把它煮成攪拌棒了。
用這根攪拌棒攪拌，會讓我覺得自己像哈利波特。

微笑咖啡豆烘豆機

開與閉的文字是吸睛的重點。由右向左彎曲的風門固定構造像是笑著揚起的嘴角。接在操縱桿前端的紅球像是吐出嘴外的舌頭。這台烘豆機雖然有點年紀，但看得出來曾經被好好保養過，而用可愛這個字眼形容這台有點歲月的烘豆機雖然有點怪，但是像惡作劇的孩子般的臉的確是很天真無邪啊。

這就是我跟lucky初次相遇的感想。員工人生大概就從那時候開始，我也覺得總有一天會透過這台孩子體驗烘豆。這台烘豆機的名牌寫著「lucky COFFEE ROASTER」。我悄悄地在心中說：「你的名字就叫lucky囉」。

與可愛相反的是，認真地面對著火的鱷魚先生總是以一副糾結的表情烘豆子，而且動作靈活得不像平常的他。由於烘豆子的每分每秒都是在於火焰作戰，所以動作快是理所當然的，但lucky總是毫無顧忌地笑著鱷魚先生的動作，身體還「咔噠咔噠」地帶著韻律感晃動。這讓我覺得，鱷魚先生與lucky之間的落差很有趣，也覺得他們倆是最佳搭擋。雖然是為了幫鱷魚先生的忙才開始清潔烘豆機，但不知道是從何時開始，我開始有了「對我溫柔一點喲，lucky」的私心。

在每天與咖啡相處的生活裡看著鱷魚先生與lucky，會湧現一種看著家人與愛犬玩耍的心情。「你喜歡給你飯吃的我，還是陪你玩的鱷魚先生？肯定是我吧！」有時候會忍不住這麼問lucky。不過，lucky是機械，當然不會回答我的囉。我們兩個人總是很細心地培育著家裡最辛苦工作的一份子。

非打掃不可

打掃、煩惱。因為不知道是要從房間開始，還是要從lucky開始，但不管從哪邊開始，兩邊都需要每天打掃。為了要每天住得舒服，也為了喝到好喝的咖啡就需要打掃。如果都一樣要打掃，當然希望從快樂的那邊開始，不過，時間是有限的，每天也有每天要做的事，所以身體會自然採取行動，只是我每天還是會想這些問題。

我是喜歡打掃的人，所以覺得清潔烘豆機是件有趣的事。我喜歡常用的清潔工具跟lucky。「今天也請多多指教囉」以這種要一決勝負的氣勢開始。因為，烘豆機的清潔會左右烘出來的味道，所以格外認真。

一如打掃房間有固定的程序，烘豆師對烘豆機的清潔也有一定的習慣，而這習慣就是…

- 從上到下、從左到右依序打掃。
- 絕不能忘記的是，開始之前要先洗手、消毒。
- 打掃是件很重要的事，因為是提供食物的場所。

打開最上面的窗口，再用刷子把銀皮（烘焙時，噴飛的咖啡豆薄皮）掃出來。烘焙時，煙霧會化為白色粉末黏在窗口，我都會很仔細地慢慢刷下來。有時，手掌與指尖會充當刷子。窗口有很多處，所以一點也不行輕忽大意。如果有汙漬卡在上面，討厭的臭味就會混進新的咖啡裡，所以要喝到好咖啡，就得打掃乾淨！

每次打掃，都讓我覺得跟咖啡的距離更接近。

鱷魚先生的註解

上：搬來這裡之前，就決定把這間房間當成烘豆室使用。這時候因為煙囪剛好通往天空。所以我家是在這棟大樓的最上層，最接近屋頂的位置。左下：咖啡罐全部是開化堂的。第22頁提及的是右側特大的罐頭，至今約有80年的歷史。其餘四個就是與開化堂合作開發的罐子。從右側依序是黃銅、銅製的材質，另兩個是鍍錫的材質。右下角是旅行時的紀念品跟小東西。咖啡書是員工大人學咖啡時的「教科書」，內容很簡單易懂。右：它就是lucky，臉上總是掛著笑容。

開
閉

第3章

咖啡與豆子

咖啡到底是什麼啊？我對這個問題越來越有興趣。只不過是一杯飲料，居然能讓人變得心平氣和，讓人如此沉醉。第一次與如此不可思議的存在接觸，是從觀察豆子開始。一開始是綠色的生豆，烘焙途中居然會轉換成橙色！鱷魚先生的烘豆簡直就像是在烹調煮豆一樣。咖啡豆也有突然扭曲的瞬間，能看到這一幕真的很有趣。

咖啡對話

「這是什麼？那是什麼？有哪些特徵？」每當我這樣問，鱷魚先生就會回答：「要不要寫寫烘焙觀察日記啊？」他的意思應該是「這麼做就能自學咖啡的知識喔」吧？這麼做的確很有趣，但我也想要得到老師正確的指導。不過，我比較擅長邊看邊學，然後透過感覺了解箇中奧祕。就某種意義而言，咀嚼他那有如火星文的話，就能與咖啡進行更深一層的對話。只不過，不知道這麼做是否正確，謎團也越來越難解。

我很喜歡「想像」，常一邊挑豆，一邊摸著豆子，想像自己正在該國旅行。所以很難每一種豆子都仔細觀察。趁著烘豆師不注意，將長得漂亮的豆子們偷偷放入信封，再將感受到的事情寫下來。日後再根據這種不明究理的感想問他問題。時至今日，我仍覺得記錄這種抽象答案的觀察日記是很有意義的一件事。

我也找到自己喜歡的豆子，那就是「羅布斯塔」。形狀跟可愛的大豆長得很像，經過烘焙後，其獨特的亞洲香氣會讓復古的情緒一湧而上。這種令人回想起兒時記憶的味道就是「麥茶」。沒錯！羅布斯塔會有麥茶的味道。

鱷魚先生的註解

若是長期從事同一件事，不論結果好壞，思考的方式有時會失去彈性。此時看看別人的成果，就會有新的發現。最近喝了員工大人用手搖網烘焙（參考50頁）的咖啡後，發現跟東南亞咖啡的味道如出一轍，相關的回憶也突然變得鮮明。我想起的是學會東南亞咖啡煮法的那一刻。

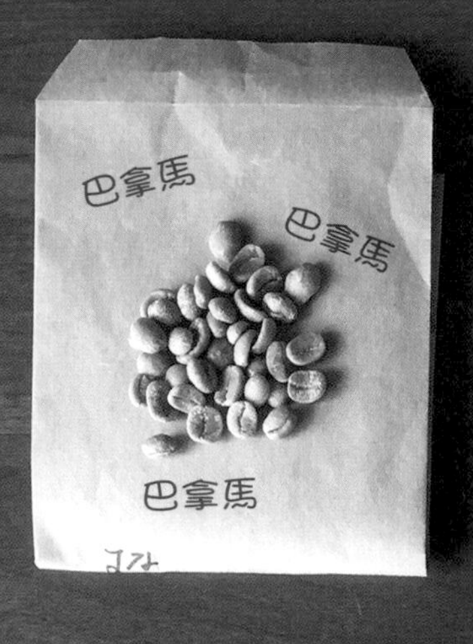
巴拿馬
巴拿馬
巴拿馬

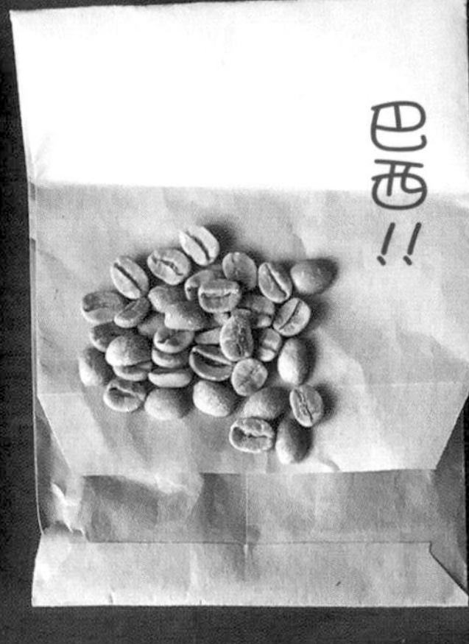
巴西!!

瓜地馬拉

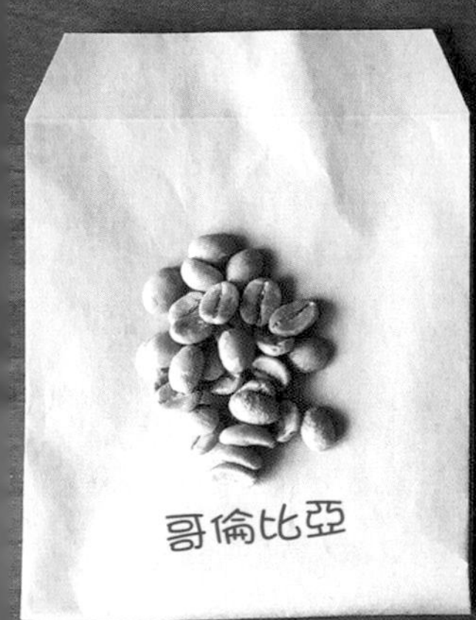
哥倫比亞

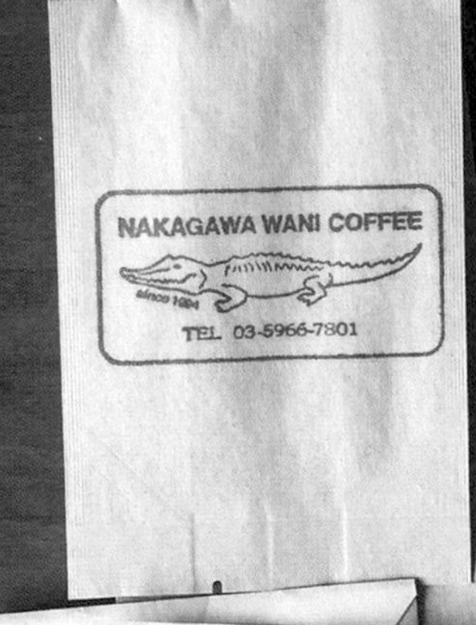
NAKAGAWA WANI COFFEE
TEL 03-5966-7801

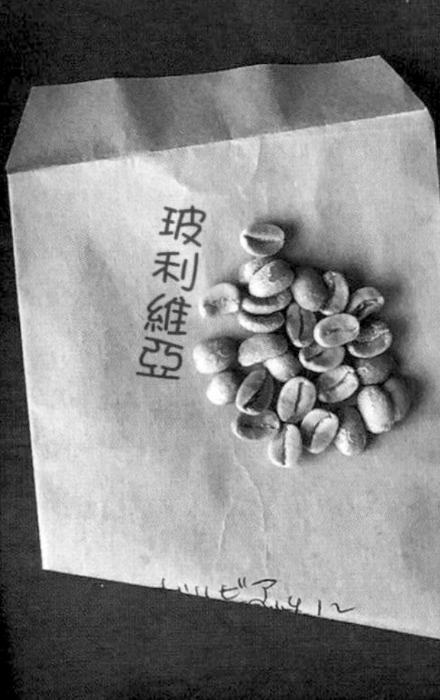
玻利維亞

耶加雪菲

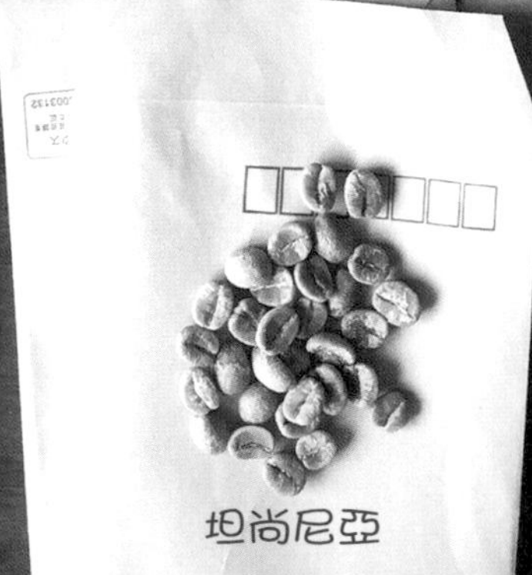
坦尚尼亞

衣索比亞雪
雪冽圖
摩卡

鱷魚先生觀察員工大人的烘豆方法的記錄。紅字部分是開完檢討會之後的備忘錄。

手工挑豆

還沒烘焙的豆子叫做「生豆」，生豆送來工作室之後，要先打開袋子，檢查一下豆子的樣貌與氣味。如果覺得看起來醜醜的或是味道不太對勁，我就會很失望，如果覺得狀態不錯，就會開始想像，這些生豆經過烘焙後會變得多好，心中的興奮感也逐漸高漲。咖啡生豆是各國生產的農作物，所以樣貌與氣味會隨著生產國與該年的狀況而改變。有時會遇到改良的品種，或是遇到從未聞過的氣味與樣貌，不過，只要慢慢地累積體驗與經驗，大概就能分出咖啡豆的好壞，只是有些時候還是得烘焙看看，才能知道結果。而且就我家而言，不是依照豆子的氣質評價，而是依照我的氣質評價豆子，所以我家對豆子的評價不同於其他人。

烘焙前，得先手工挑豆。老實說，這個作業很麻煩，很想跳過直接開始烘豆子，不過，若是問我「為什麼還是會挑豆」，其實是因為大部分的豆子都會摻雜著蟲咬的豆子、未成熟的豆子、發酵豆、腐壞的豆子，雖然最近的豆子比較少這種情況，但還是得先挑豆。你問我，如果不挑豆就烘焙會有什麼結果？簡單來說就是味道會變糟。

我家會先把生豆倒入大型濾網裡，然後一邊用手攪拌豆子，一邊從中挑選。有許多人跟我說過這樣很浪費時間，不過我不是為了有效率地做這個步驟才這麼做，而是為了觸摸豆子本身。

經過這項步驟後就要開始料理。一如廚師會先摸摸蔬菜、肉、魚這類生鮮食材，再依照料理的內容切菜或選料，咖啡豆的烹調也需要這些前置作業。我認為咖啡豆的前置作業就是挑豆，用手體會觸感，用嗅覺感受豆子的氣味，透過這樣的接觸

傾聽豆子的音色，然後用眼睛仔細觀察，勉強來說，就是用全身感受豆子，然後每天做同樣的事。

挑豆之後，就要開始烘焙，烘好後，就是大家熟悉的咖啡豆。接著還要再次以手工挑選的方式篩選這些烘好的豆子。這次的手工挑豆是為了調整咖啡豆的風貌，算是最後的收尾。之所以要再次挑豆，是因為我覺得咖啡豆整體看起來漂亮比較好，而且也希望透過身體感受豆子是否烘得很美味。

我是沒有店面的烘豆師，將咖啡豆呈給客人的時候，最先映入客人眼簾的就是咖啡豆的風貌。味道當然也很重要，但是我希望豆子的外觀別讓客人失望，我覺得這點很重要，因為這是客人與咖啡豆第一次接觸。

7/2（四）
<陰天

「一直很想買到的豆子」

嘩啦嘩啦地一顆顆落下

4'15" 又圓又清香，看起來很青澀。

7'10" 跟人的肌膚溫度一樣。

8'30" 「又自做主張了啊。」

9'30" 又要彆扭了啊

11'40 聞起來不太油的奶油味

12'10 開始烘出顏色，感覺像是 奶油烤過一樣

14'12 開始出現橙色

← 這次的皮以很有趣的方式脫落

15'40" 聞到像核果的味道

17'25" 變得扭扭曲曲。

18'00" 聞到香甜的氣味，好燙好燙。

19'00" 聞到讓我「呵呵呵」的味道，值得點頭讚賞。

20'30" ①一爆。聞到酸甜的香味。突然增添了一些香氣。

22'09 有種去到哥斯大黎加的心情

24'50 差不多要二爆了。

27、19 嗶嗶啵啵，接近完美的二爆。

（冰咖啡專用豆）

今天也很認真地在爆。

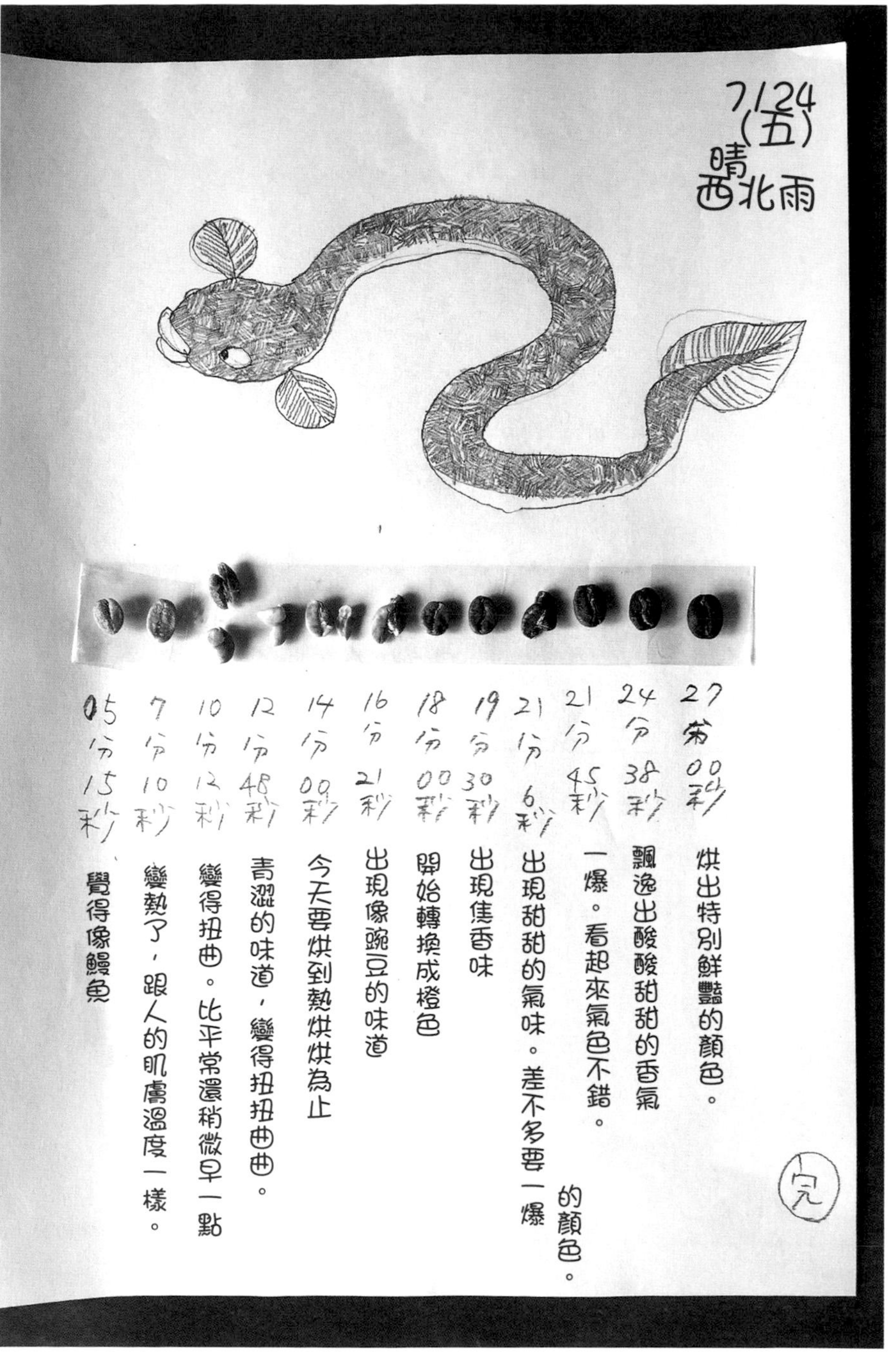

員工大人一邊觀察鱷魚先生的烘豆，一邊把感受到的事情記錄下來的烘豆觀察日記。

為了找出自己的味道

找出自己喜歡的味道後，就能找到自行調味的趣味。

我家的咖啡都是接到訂單之後才生產，每次都烘焙需要的分量。所以，基本上不會有庫存，即便是我們自己要喝的豆子，也都是跟著訂單烘焙。

要賣的咖啡豆最後會經過挑豆子這個步驟，但如果是家裡要喝的豆子，就不一定會挑豆子，等到要煮咖啡的時候，再調整成自己喜歡的味道。用湯匙將豆子放入磨豆機之前，會先將豆子放在「挑豆盤」上，然後分成「好喝」與「難喝」兩堆。每次這麼做，都會發生不可思議的事。如果不將豆子分成兩堆，味道會產生很明顯的變化。直接就這樣喝固然夠好喝，但這麼做可讓咖啡多一些屬於我個人的風味。一想到會變成自己的風味，我就覺得很興奮。

我們平常就會喝各種咖啡，有時會喝別人送的咖啡，有時則是喝在外面買的咖啡，偶爾也會喝「有人請我們試喝」的咖啡。第一次我們都會直接喝，第二次才會挑豆子。兩次的味道很是不同。或許會覺得很浪費、很花時間，不過，同一款咖啡喝兩種不同的風味可是難得的奢侈。

對我來說，自行挑豆這件事跟自行完成料理的收尾是同一件事，這個步驟可找出自己的喜好，挑選豆子的基準是外觀的美麗。如果覺得「好像很難喝」，或是看起來髒髒的豆子就會剔除。我不會想得太複雜，因為挑出自己喜歡的就等於自己的員工咖啡。

能清爽地化開的咖啡豆就是美味的證據

每年接近六月，就一定會接到特別訂單，這是因為東京千石「八百咖啡」的菜單新增了漂浮冰咖啡的緣故。為了配合這間店的humi小姐的手工冰淇琳，鱷魚先生都提供深烘焙的豆子。

哈嘰、哈嘰、哈嘰，緩慢的爆裂聲，慢慢地變成啪嘰啪嘰啪嘰的聲音。我覺得今天的爆裂聲特別久。鱷魚先生一邊確認香氣與時間，一邊笑著跟我聊天：「一開始的爆裂聲有點鈍，慢慢地就變成啪嘰啪嘰這種聲音。爆裂的時間越長，越能烘焙出理想的味道。」這種爆裂聲很像是一大群觀眾在表演廳裡拍手的聲音。

就是現在！到了二爆最佳的香氣後就停止烘焙，然後一口氣讓豆子從烘豆機掉出來。紮實卻帶有些許焦香味的香氣瞬間在整個家裡撒開。鱷魚先生一邊「咔哩咔哩」吃著烘好的豆子，一邊跟我說：「吃吃看」然後給我一顆豆子。我咬下去的感覺很像是豆子在我口中化開。

鱷魚先生笑嘻嘻地說：「越想深烘焙，就要越重視這種化到不見的感覺。沒有纖維的感覺是美味的氣壓表」，我一邊心想「原來是這樣啊」，一邊問他：「我聽不懂什麼是纖維殘留的意思」，結果他只回答我：「蛤」而已。他只是在耍帥吧？要是我誤會了還真是抱歉，不過我真的聽不懂什麼意思。因為我根本不懂什麼叫做「咖啡的纖維」（笑）。雖然他還是會繼續說明，不過最後又會回到咖啡纖維的話題。

能清爽地化開的咖啡豆就是美味的證據。

中深烘焙
深烘焙

什麼叫做烘焙…

我對我的咖啡只有一種態度，那就是隨時隨地都只想喝美味的咖啡。所以從事烘豆的人只要能清楚地想像出想要的味道，然後仔細地烘焙，就不用太在意烘焙的程度。只要好喝，就夠了。

不過，如果要再多說明一點的話…咖啡的生豆若不經過加熱，是無法當成飲料喝的，所以加熱的步驟就稱為「烘焙」。即便是同一支豆子，不同的加熱程度會使味道的表現方式變得不同，所以才將烘焙的程度分成不同階段，以及替每個階段命名，淺烘焙、中烘焙、深烘焙這些名字就是代表烘焙的程度。

◎基本上，淺烘焙比較能嘗到酸味，味道也較豐富。

◎烘焙的程度越深，酸味就會越少，苦味也會變得強烈。

◎義式烘焙是指碳化之前的烘焙程度。

◎義式烘焙、法式烘焙、深城市烘焙、城市烘焙，烘焙程度依序變淺。

◎舉例來說，「星巴克」就相當於法式烘焙或深城市烘焙的味道。

不過，隨著近年來咖啡豆的質變，烘焙程度的標記方式也漸漸變得曖昧，每位烘豆師對於烘焙程度的解釋也各有分歧。這種讓消費者覺得更複雜難懂的情況或許會繼續下去。所以，只要能遇到讓你覺得「好喝」的咖啡，那就已經夠幸福了。我之所以會覺得不用太過堅持所謂的烘焙程度也是因為如此。

試著用手搖網烘焙咖啡豆

與在家烘豆的人聊天的機會遠比想像中來得多。這些人都不是專家，只是一般的人，例如，媽媽為了家人使用老公自製的手搖式烘豆機，或是插花家在插花之前，會先調整心情再開始。來咖啡教室的人也會用平底鍋或小台的烘豆機烘焙豆子，他們也告訴我，烘豆子就好像是在做料理。大家不約而同地帶著笑容說：「烘豆子真的很有趣耶！」、「希望妳把烘豆子當成在煮料理般樂在其中」我再次感受到鱷魚先生常常掛在嘴邊的這句話。不管是材料、工具還是時間，其實都不如想像中困難。我果然還是適合以做料理的心態面對集結了許多人的咖啡智慧的食譜。「今天自己烘烘看吧！」一旦有這個心情，我就會試著將各方建議揉合成自己的想法烘烘看。

非常簡單易懂的建議之一就是「把烘豆子想像跟煮飯是相同的原理」。試做之後就出現「說不定的確是這樣」的想法。生豆其實不一定非得先洗過，但是就如煮得胖胖的白米一樣，乾燥的生豆吸收水分之後，會有種醒過來的感覺，烘焙時比較不容易烘焦，烘好的豆子也會比較膨脹，也能享受剛烘好，冒著熱氣的手工烘焙咖啡。

我把過程畫成圖，然後跟朋友講這件事之後，他笑著說：「真的耶，感覺就像是在煮飯一樣。我家也有烘芝麻的網子，下次用這個網子烘看看」。豆子烘好的樣子，焦香的香氣，我在想要「烘自己要喝的份量」的日子，會用手搖網烘30公克的豆子。能品嘗專家的咖啡，又能享受自己烘的味道，真是一件美妙的事。

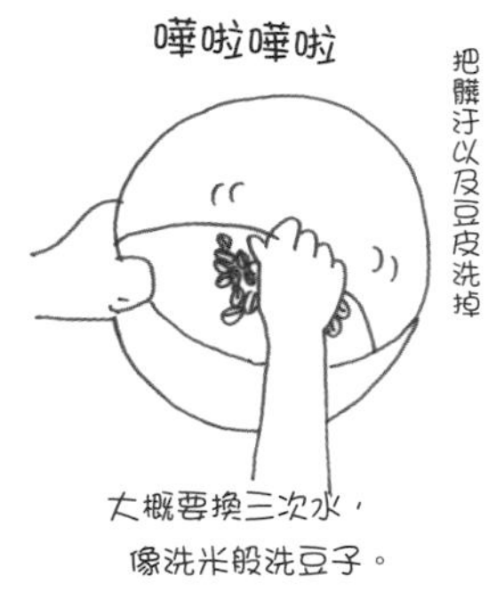

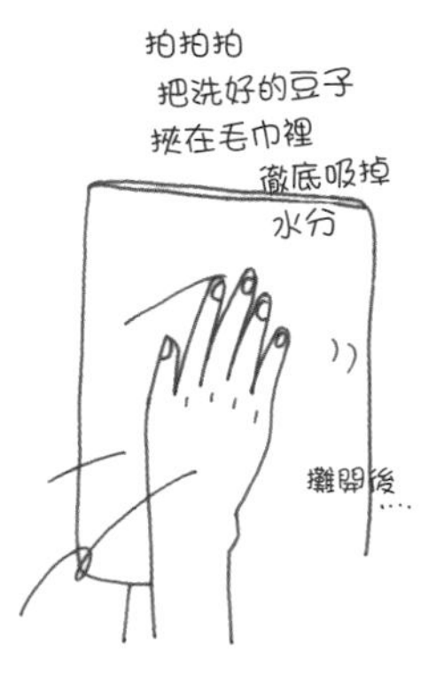

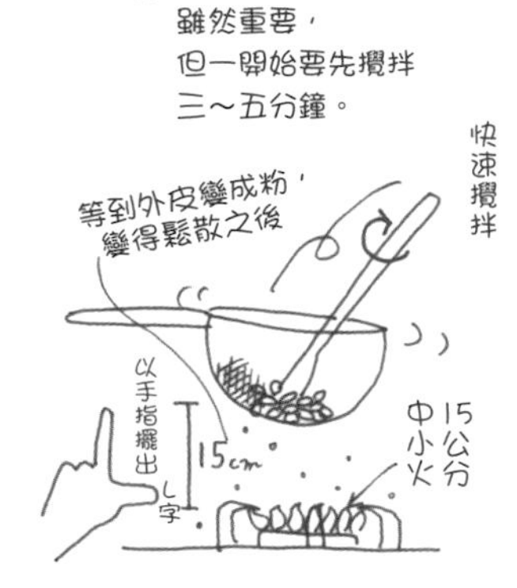

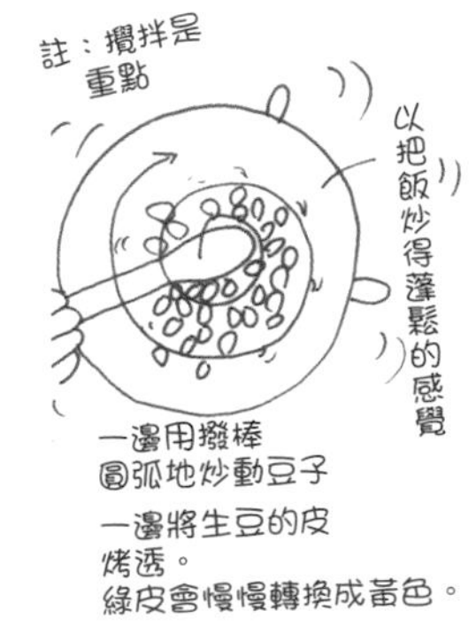

② 慢慢地會烘成肉桂般
的顏色。此時讓濾
網靠近火源五分，
然後以烘豆子的感
覺持續攪拌3分鐘。

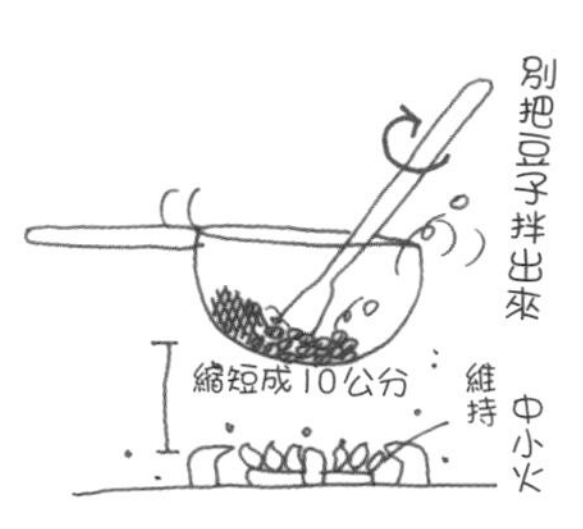

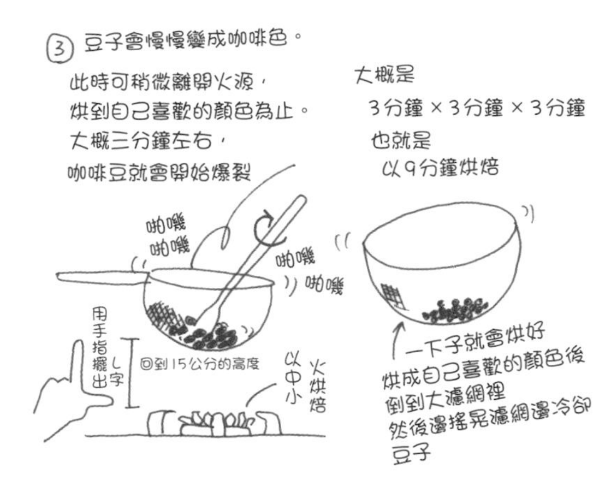

第4章

煮杯膨脹的咖啡

鱷魚先生教了我三個煮出美味咖啡的關鍵字。不過，與其說是煮出好咖啡的關鍵字，不如說是平凡地享受生活的祕訣。看到漸漸膨脹的咖啡時，心情會變得很開心、很喜悅。果然，若不是抱著開心的心情煮咖啡，就不可能煮出好喝的咖啡。接下來就為大家獻上鱷魚先生推薦的好喝祕訣。

ASAHI GLASS
3Z
150
100
50

喜歡什麼味道？

煮咖啡的方法我都跟鱷魚先生聊。出書的時候，當然是想讓「每個人都能輕鬆看懂」，但是做好食譜，拿給鱷魚先生看之後，他卻跟我說：「這樣就毫無意義了」，因為他覺得「如果不先說明員工大人喜歡的味道，就沒有意義」，一時之間讓我啞口無言。說不定這才是重點。「下次自己煮咖啡的時候，一定要想想有什麼困難的地方，不然就沒有意義」，聽到他這麼說，我也覺得好像真的是這樣。但是，到底會有什麼困難的地方呢？⋯

① 一開始不了解「自己喜歡的味道」。

② 完全聽不懂鱷魚先生說的話（咖啡的說明）。

③ 不知道為什麼煮不出跟鱷魚先生一樣膨脹的咖啡。

④ 不知道「澀味」的意義。

⑤ 不知道該聽從什麼意見。

⑥ 最不懂的是「咖啡好喝是好喝在哪裡」。

我想起這些體驗。

想到這些之後，鱷魚先生問我：「妳是怎麼知道這些事的呢？」才讓我驚覺「真的耶」。

首先請大家先想想「自己喜歡的味道」，這是煮出好咖啡最重要的關鍵。

沒有也無妨的味道

鱷魚先生對於一杯飲料席捲所有人的現象，有著憂喜參半的心情。一如烘豆子、煮咖啡、畫圖般，我們是利用味道與語言表現各種融合。我很喜歡透過這件事與別人分享，也喜歡看到別人因此快樂的模樣。

他總是一邊追求「自己想表現的味道」，一邊持續烘焙出我家的咖啡味。

不過，也有絕對不想呈現的味道。如果用語言來表達，那就是所謂的「澀味」，也就是混濁的味道。他曾經說過，如果出現帶有澀味的後韻，「那還不如放棄咖啡原有的風味」，他的意思到底是什麼？鱷魚先生依照自己想法烘好的咖啡，味道總是非常清澈，一點混濁感都沒有，是非常美妙的咖啡。

烘豆師與咖啡師、喝咖啡的人、享受咖啡的人，有多少人，咖啡的樂趣就有多少種。不過，只有清澈的味道，才能清楚地感受到清澄的美味。

鱷魚先生的註解

烘過頭或是豆子氧化時，就很容易出現澀味。其實一開始烘焙，豆子就會開始酸化。所以取得精心製作的咖啡豆之後，請好好地保存它，盡可能不要讓它接觸空氣。如果是用濾紙沖煮，一開始請盡可能慢慢地萃取，然後後半段不要花太多時間。也要記得以一定的節奏沖煮。

哪邊好喝呢？

鱷魚先生

員工大人

「咖啡之道」會述說何謂美味

這是某一天在實驗咖啡的味道時所拍攝的照片，實驗是使用同一支豆子，以相同的分量沖煮。雖然咖啡豆是同一支，但不同的人來煮，味道一定會有差異，歸根究柢，即便是同一個人煮，味道偶爾也會不同，而這是控制味道所產生的差異，也是咖啡的有趣之處，對於這點我一直覺得很佩服。

那麼，為什麼會不同？為了知道這個答案，我試著進行比較。從前一頁的照片來看，乍看之下雖然有差異，但這些差異會因為簡單的動作而產生變化。如此「簡單」的差異對於員工大人來說是困難的，只要一點點的心情起伏或是動作的不同，就會大幅影響咖啡的膨脹程度與味道。

咖啡如果煮得好，會出現一條直通下方的通道，通道的直徑大概是一根小指頭的粗細。這就是所謂的「咖啡之道」。有時候會是一根食指的粗細，但只要咖啡粉充分膨脹，熱水也滴得乾淨的話，豆子原本的風味就會彰顯在咖啡液裡。兩張照片裡的熱水都是垂直往下滴，但不知道大家有沒有看出，有一邊的咖啡粉比另一邊還要膨脹？膨脹的差異會左右咖啡的味道。鱷魚先生問我：「哪邊好喝？」雖然不想認輸，但是「鱷魚先生不僅讓咖啡粉充分膨脹，也以輕快的韻律注入熱水」，所以鱷魚先生的咖啡的確味道更加豐富，也更有層次感。不過，我也有自己的喜歡的味道，結果也真的煮出我想要的味道就是了。

只要開始想是什麼造成差異的，自己煮的咖啡就會產生更多不同的味道了。

鱷魚先生的可以伸到下面

員工大人的只能伸到一半

鱷魚先生的註解

每種工具都有基本原理以及它的意義。圓錐濾杯基本上是一種在中央沖出一條熱水的通道，藉此萃取咖啡的工具。感覺上，接觸到咖啡粉的熱水會往左右擴散，一邊滲入咖啡粉再流回正中央，讓味道歸於一處。如果心裡想著要煮出豐富濃郁的咖啡，自然就會煮出這條通道。這就是就「咖啡之道」，也是美味行經的道路。

實踐 試著煮咖啡

要喝多少咖啡，就磨多少新鮮的豆子。這是鱷魚先生一直以來的沖煮方式。一開始我學到的是

- 找出自己喜歡的味道。
- 煮出冷掉也好喝的咖啡。
- 享受煮咖啡的過程。

如果依序走完上述三個過程，就能聽到咖啡的聲音。

咖啡、熱水以及自己的時間點全部配合時，咖啡就會自然而然地開始膨脹。

美味的祕訣——「膨脹」的咖啡的沖煮方法

①

先「咚咚咚」地敲敲濾杯，讓濾杯裡的咖啡粉表面變平，盡量能與濾杯的杯口平行。如果咖啡粉的表面是傾斜的或是突起來的，好不容易膨脹的泡泡就會破裂。

②

將煮沸的熱水倒到沖煮用的手沖壺，此時溫度會稍微下降。用剛煮沸的熱水煮會嚇到咖啡。請溫柔地、柔和地向咖啡打招呼。

③

心裡一邊唸著「緩緩地注入熱水」，一邊往①的濾杯的咖啡粉中心以②的手沖壺注入細長的熱水。接著以中心往外劃圓弧的方式移動熱水，圓弧的大小差不多五十圓硬幣左右。如果移動得太快，太不規律，咖啡可是會受驚的喲。

④

這時候越新鮮的豆子會越膨脹，不過請先咬著牙等待吸收熱水的咖啡粉完全膨脹。這可是很重要的步驟喔。

⑤

咖啡粉完全膨脹之後，就代表可以再注入熱水。請先在膨脹的泡泡中心倒入些許熱水，此時只有正中央的咖啡會瞬間變色，也會飄出香氣。如果是自己想要的香氣，那就是OK的意思，也就可以準備倒入第三次的熱水。

⑥

第三次倒熱水的時候，請從中心外往畫出小圓，然後回到中心點再突然收水。「溫柔地注入熱水、細長的水量」是沖煮時的重點。越能緩和地注入熱水，咖啡粉就會越往上膨脹。停止膨脹後會立刻消風，此時可立刻倒入第四次的熱水。

⑦

心中一邊念著「緩緩地倒入熱水」，一邊從中心向外畫出小圓，回到中心點後，再突然收水。這個「突然收水」是這階段的重點。泡泡會自然地往周圍擴張，所以請不要擔心「要不要連邊緣都倒到熱水」這個問題。請享受咖啡愉悅地移動的模樣。

⑧

到了這個步驟，咖啡液就會像是牽手般染遍咖啡粉。看到開始「滴答滴答」地滴落時就是暗號，代表可以一邊觀察咖啡的狀況，一邊以漩渦的方向緩和地注入熱水。此時若聽到「嘩啦」這個咖啡流出的聲音，那就是下一個暗號，代表可以讓熱水變粗，慢慢增加水量。大概可以從中心點往外畫三次漩渦再突然收水。切記，要溫柔再溫柔地，緩慢注入熱水。

⑨

如果咖啡的量已到達預期的味道，就可以把濾杯拿下來。不要滴到最後是這個階段的重點。如果覺得可惜而讓咖啡滴到最後，好不容易煮出來的味道就會變成煮過頭的味道。

每個人都有自己的喜好，所以沒有非得怎麼煮咖啡的硬性規定，但既然要煮，就希望大家像是享受煮菜這件事一樣煮咖啡。如果高湯煮過頭，味道就會變得混濁，如果不撈掉浮沫，味道就會變腥，打出細密的泡泡，蛋糕就會有溼潤的口感。只要多花一點時間耐心沖煮，就能煮出好味道。

沖煮基本的咖啡

我很喜歡用城市烘焙的豆子煮咖啡，因為這種豆子不僅能煮出濃得化不開的醇味，後韻還帶有一點點莫名的苦味，所以每次煮咖啡的時候，我都希望煮出這個味道。

一人份的咖啡大概需要使用30公克的咖啡粉，兩人份的話大概需要50公克的粉。若是以圓錐濾杯沖煮，大量的咖啡粉可煮出很濃的味道，而且我也很愛這個味道，所以我總是煮兩人份給自己喝。好喝的咖啡冷掉也好喝。用再喝一杯咖啡的心情以及大量的咖啡粉來煮，比較容易掌握沖煮的祕訣。

① 將中度研磨的咖啡粉倒入濾杯，然後抹平表面。如果凹凸不平，膨脹的泡泡就會塌掉。

② 心裡念著「緩緩地注入熱水～」，然後在中心倒出大約五十圓硬幣大的熱水。此時咖啡粉會開始膨脹。請務必等到咖啡粉完全膨脹！這個步驟非常重要！

③ 等到咖啡粉完全膨脹，就是可以注入第二次熱水的暗號。從中心點以劃圓弧的方式注入熱水，每次劃完圓形，一定回到中心點然後立刻收水。在泡泡塌陷之前注入熱水，直到咖啡開始往下滴再進入下一個步驟。

④ 從咖啡滴落的聲音從滴滴答答變成嘩拉嘩拉，就可以加大水量。從中心點往外倒再回到中心點是基本的倒法。中心點會出現一個圓形，感覺上就是沿著這個圓形倒。

⑤ 咖啡粉會自己膨脹。請仔細觀察它的動向，順便想像最初萃取的咖啡液被調整成自己喜歡的濃度。

⑥ 不要滴到最後。如果煮出自己想要的味道了，就可以移開濾杯。滴到最後的尾巴可以丟掉。如果煮出理想的味道那代表成功了。

咖啡的美味很像
是朋友增加的感覺。

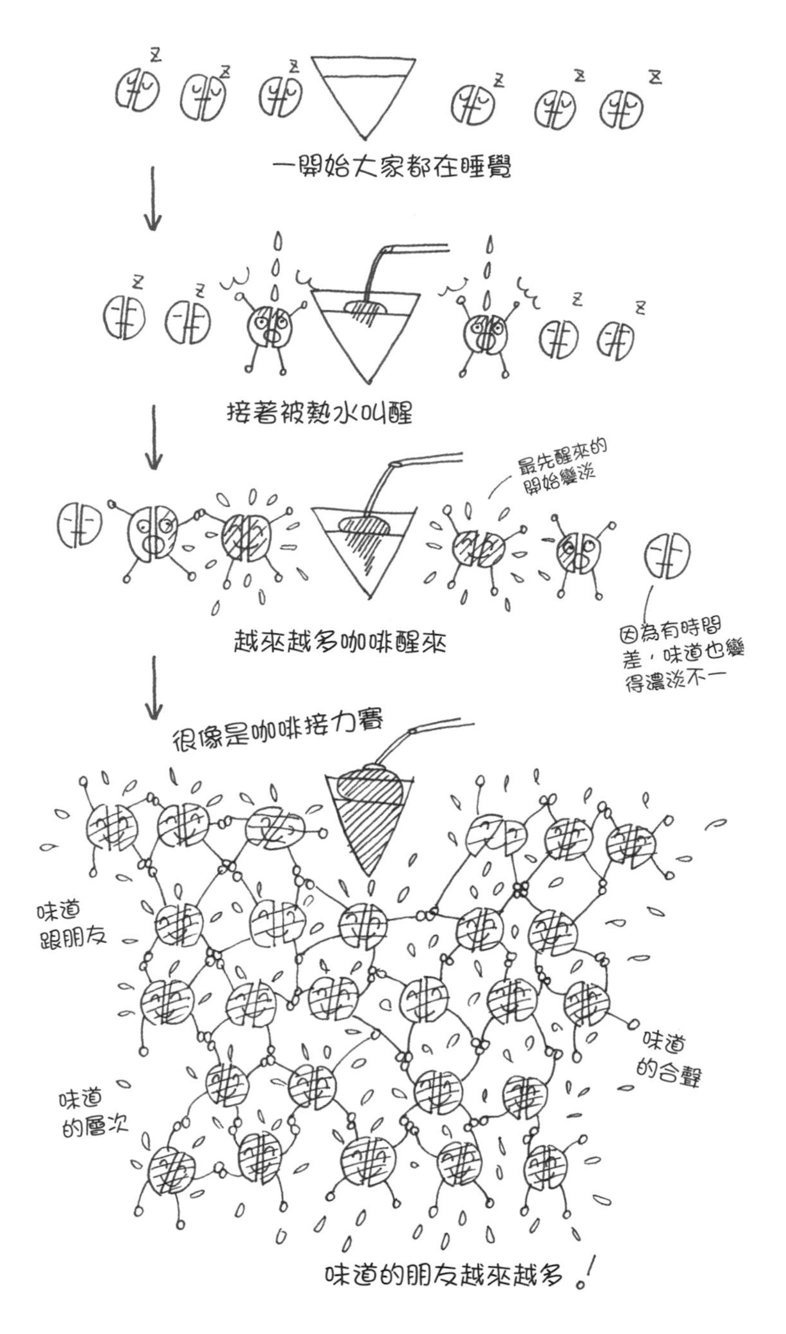

煮杯冰咖啡

煮冰咖啡的麻煩在於要先讓咖啡放涼然後倒入裝有冰塊的玻璃杯，還是，直接將剛煮好的熱咖啡倒入冰塊之中，這決定會導致煮法出現差異。後者得考慮冰塊會稀釋咖啡濃度這點，將咖啡煮得濃一點。用這種方法較適合煮出香氣芳醇、風味凜冽的冰咖啡。如果想喝的是安定、無雜味的咖啡，則建議使用前者的方法煮。請仔細傾聽咖啡的聲音，享受煮咖啡的過程。

① 豆子基本上會磨得比一般細，份量也會多10g左右。

② 第一次注入熱水時，可讓熱水擴散至距離濾杯邊緣5mm的位置。

③ 一分鐘後第二次注水要保持細長水量，約第六萃取液則慢慢滴落。

④ 讓咖啡萃取液像是連成一條細線般慢慢滴落。此時請不要心急，慢慢地注入熱水。

⑤ 等到咖啡萃取液規律地滴落，也滴到足夠的分量後移開濾杯。

⑥ 將咖啡萃取液倒入盛有冰塊的玻璃杯，再慢慢攪拌，直到冰塊與咖啡萃取液完全融合為止。

煮杯冰咖啡歐蕾

會煮冰咖啡之後，我最喜歡煮冰咖啡歐蕾。我的朋友開了間咖啡店，他那裡的咖啡歐蕾的牛奶與咖啡總是會清楚地分成兩層，讓我也好想煮出一樣的咖啡。一邊用攪拌棒攪拌成自己喜歡的樣子，一邊破壞分層的構造再喝，讓我覺得很有趣又很好喝。我跟他說我也想知道怎麼煮之後，他就告訴我煮法。要煮出上下明顯分層的冰咖啡歐蕾的祕訣是②。靜置一會兒，等到冰塊溶解，在牛奶表面形成一層水膜後，就能讓牛奶與咖啡一分為二。

① 倒入冰塊與牛奶，再仔細攪拌。

② 靜置一會兒，等待冰塊溶解。

③ 慢慢地把冰咖啡倒在冰塊上，讓咖啡滑入杯裡。

煮杯漂浮冰咖啡

鱷魚先生煮的漂浮冰咖啡特別好喝。「漂浮冰咖啡的關鍵在於『三味』一體」，雖然他有把祕訣傳授給我，但我還是模仿不來。咖啡與冰淇淋拌得不分你我後，冰塊上面會出現口感清澈的一層薄膜，喝到最後都能喝到這層的味道。漂浮冰咖啡很像是飲料，也很像是甜點，感覺上就是另一種食物。材料就是冰咖啡、冰塊、糖漿（Gum syrup）、鮮奶油與哈根達斯冰淇淋！口感清澈的祕訣在於甜度。雖然會讓人覺得「不會太甜嗎？」卻能喝到令人難以置信的整體感。

① 先用冰塊徹底冰鎮冰咖啡。

② 倒了3～4茶匙的糖漿。分量大概是會讓人覺得「不會太甜嗎？」的感覺。

③ 盛滿冰淇淋。慢慢地倒入鮮奶油，感覺就像在表面蓋上蓋子。

煮杯咖啡歐蕾

你喜歡什麼味道的咖啡歐蕾？鱷魚先生喜歡口感如絲綢般滑順的咖啡歐蕾，所以會用濾茶器過濾加熱後的牛奶。這個步驟，會決定味道是否圓潤，有機會請大家務必試試看。咖啡豆的味道固然重要，但有時可試著使用不同烘焙程度的豆子，享受各種不同的風味。淺烘焙、中烘焙、深烘焙，豆子的挑選可隨當天的心情決定。我家尤其喜歡味道芳醇的咖啡歐蕾，所以會把豆子磨細一點，讓萃取的咖啡濃一點。磨得比一般的豆子細一點再煮，咖啡本身的味道也會變濃。記得牛奶不須煮沸這點。

煮出美味的咖啡歐蕾的祕訣

咖啡歐蕾會因為咖啡豆的風味而呈現千變萬化的樣貌。基本上與煮冰咖啡的方法相同，只是在咖啡裡加牛奶。咖啡與牛奶的比例雖然沒有硬性規定，但我家喜歡的是咖啡1比牛奶2的比例。唯一要注意的是咖啡的濃度要比普通的咖啡濃。

⑥

① 以濾紙萃取時，咖啡豆的量要比平常多10g，豆子的粗細則可自行決定。
② 咖啡萃取液大概是80～100ml。為了完整地萃取咖啡的精華，第一次倒入熱水時，請讓熱水擴散至距離濾杯邊緣5mm的範圍。
③ 靜靜地等待一分鐘左右。
④ 從第二次注入熱水開始，水量要保持得比平常還要細長。這時候盡可能延緩咖啡萃取液往下滴。
⑤ 緩慢而有節奏地注入熱水。萃取足夠的量之後移開濾杯。
⑥ 由於想喝到口感如絲綢般的咖啡歐蕾，所以要以濾茶器過濾牛奶。這麼一來，牛奶的滑順度會完全不一樣。
⑦ 稍微攪拌杯子裡的牛奶與咖啡就完成了。

傾聽咖啡豆的聲音是烘豆師的工作

會把烘豆機搬進家裡純粹是個偶然。因為這個偶然，毫無烘焙知識與經驗的我開始了咖啡生活。由於是無師自通（其實是討厭跟別人學），所以總是亂搞一通，但在這過程中，從咖啡豆身上學到不少東西。

我本來就很愛喝咖啡，所以抱持著這股喜愛之餘，心裡也覺得如果能做出「那種感覺的味道，應該就會是我喜歡的咖啡吧！」。

將咖啡的原料「生豆」倒入烘豆機加熱到適當的程度後關火。烘好的咖啡豆放涼後，烘豆作業就結束了，聽起來是不是很簡單？如果只是「依樣畫葫蘆」的話，誰都能烘出豆子。

不過，有件事很重要。那就是喝在嘴巴裡的東西是有好喝跟難喝之分的，而這點又非常棘手。烘了一段時間後，我總算發現自己對於以前很討厭的酸味是有喜好之分的。「好的酸味」會有來自食物般的自然、新鮮酸味，相對的，讓人覺得「好噁、好酸」的味道，是跟著時間氧化的酸味，而這種酸味就像是針刺的身體的感覺。這番差異也是我長時間學習烘豆之後，學到的經驗之一，也是玩票性質時看不見的東西之一。其實我最想說的是，太過專注，容易使觀察東西的方式僵化。

如果是喜歡咖啡的人，不管在什麼地方喝咖啡，一定會立刻說出哪裡好喝，哪裡不好喝。如果我不是以烘焙咖啡豆維生，我一定會覺得這麼說很不錯，但是每天持續烘豆後，「也會有這樣的味道與香氣啊，那該怎麼處理？」、「難道沒辦法烘得更理想？」我開始聽得見咖啡豆的聲音，所以每次烘豆都搞得很忙碌。

回過頭來才發現，二十一年的歲月真是稍縱即逝，現在的我可從咖啡豆聽見「今天是怎樣啊」、「不是那樣啦，快記住我的氣質」的聲音，所以我都會回 答它：「今天也要隨著心情勇往直前」。

對我來說，這就是我把烘焙咖啡豆當工作的價值。

我也傾聽咖啡的聲音

最近越來越了解咖啡。這是日常生活累積出來的本事，不是一問一答學會的東西。每天不斷地體會、對話，每天問自己「為什麼會這樣？」然後告訴自己「試著做做看吧」。

為什麼鱷魚先生的咖啡可以這麼膨，我的咖啡卻不行？

我問鱷魚先生這些不懂的地方。為了方便自己理解，我把答案繪製成圖，每天與不同的人見面、聊天或是煮咖啡之後，慢慢地，詞彙的意義就融入咖啡之中。

「一切不過是傾聽咖啡的聲音，往咖啡想去的地方移動」

鱷魚先生宛如念咒般，不斷地告訴我上述這句話。我原本不懂這句話的意思，但這句話的意思卻緩緩地融入我煮的咖啡裡。

要讓咖啡粉膨脹，一心想著要讓咖啡粉膨脹是不一定能找到答案的。只要改變觀點，就會發現祕訣就在那裡。我想煮出味道豐富的咖啡，所以總是慢慢煮咖啡。這是實踐之後才明白的事情。

長期煮咖啡之後，我很自然地從咖啡身上聽見「希望被怎麼使用」的聲音。「啊，我好像有點懂了」這就是人們有多麼喜歡咖啡的證據。有機會，一起聊聊咖啡吧。

鱷魚先生的註解

「傾聽咖啡的聲音」就是與咖啡對話。這跟人與人溝通一樣，咖啡對於你做的事情（煮咖啡）也會給予回應。請務必仔細觀察咖啡給的反應，並且持續以恆地觀察，一旦變成一種習慣，咖啡就會告訴你：「這麼做就會變好喝喲」的道理。

享受自己的味道

請大家想像一下，完全沒喝過咖啡的人被喜歡喝咖啡的人拜託「煮杯咖啡」時的心情，而且拜託的那方還不只是單純愛喝咖啡而已，是以烘焙咖啡豆維生，不斷努力於烘焙出自己想像中味道的人。這種人對咖啡的熱情，恐怕是外行人難以想像的深刻。如果回答「我才不要咧」，對方還是會死纏爛打地說「拜託拜託嘛」。膠著到最後，對方的說法是「不管是什麼咖啡，『請別人煮的咖啡最特別（最好喝）』，所以只好無奈地煮了。

將熱水注入咖啡粉之際……烘豆師的尾毛挑了一下，害我心跳漏了好幾拍，這瞬間似乎是在告訴我，我的煮法不好喝。將煮好的咖啡倒入杯子裡，然後一臉無奈地把咖啡端給他。鱷魚先生雖然不發一言地喝著，肩膀卻微微下垂。

這應該是我煮咖啡最痛苦的回憶。

偶爾喝了鱷魚先生的咖啡的人會說：「真棒，每天都可以喝這麼好喝的咖啡」，才怪，我根本就沒機會喝。不管早中晚，我家的咖啡都是我煮，烘豆後的試飲也是我的工作。若再加上下午三點與晚上的點心時間，我一天大概要煮六、七杯咖啡。

剛剛那個最痛苦的回憶，如今已成為茶餘飯後的笑話，而我所克服的部分包含…

- 對於「該怎麼做才能煮出好喝的咖啡」這個問題永不放棄的探索心
- 永不服輸的志氣
- 享受煮咖啡的過程。

慢慢地，我就煮出自己的味道。現在我已擁有員工般的自信。

enjoy自己的喜好吧——這可是很重要的事情喔。

想像入口的味道

煮咖啡的重點之一就是「想像入口的味道」。舉例來說，煮咖哩的時候，決定要煮得辣一點？甜一點？還是要讓香料的味道更明顯一點？又或者要突顯水果的味道？必須想像最後的味道再煮。煮咖啡也是一樣。想喝什麼味道？事先決定後再開始煮。為了這點，去不同的地方喝不同的咖啡，找到自己喜歡的味道的店是最快的方法，之後只需要想像那個味道再煮。

我本來很喜歡味道深濃的咖啡。我會把深烘焙的豆子盡可能磨細，然後盡可能拉長萃取的時間來煮。這種咖啡會讓我聞到類似白蘭地或威士忌的香氣，而我就是喜歡這種濃的不見底的咖啡。以前的我，不會直接喝這種黑咖啡，而是會加點砂糖與牛奶再喝。時至今日，我的口味已經不同，現在的我喜歡使用大量的咖啡豆，然後把咖啡豆煮得非常膨脹，再輕巧地享受咖啡的品質。所以萃取時間也只有兩分半鐘左右，一次大概萃取180ml。

熱的時間比較喝不出味道也是原因之一，隨著咖啡變冷，就能嘗到更豐富的滋味……這種咖啡不禁讓人覺得很高級，而這也是我現在最喜歡的入口的味道。

我喜歡的咖啡店

我有很多回憶留在大分的別府，其中有一間我想不起正確店名的咖啡廳。我只記得這家咖啡廳有很多種咖啡，但烘焙度只有一種，只有義式烘焙這種。每種咖啡都擁有馥郁的味道。一般來說，深烘焙的味道會變得比較單純，但其實並不是那麼絕對，而且這裡的吐司也很好吃。老闆很愛老王賣瓜這點算是小缺點（苦笑），不過可以的話，我還是喜歡能在自吹自擂的故事裡加點對麵包的自豪。這間咖啡廳離我家很遠，已經有一陣子沒去了，但別府是眾所周知的溫泉小鎮，在喜歡的溫泉泡完溫泉，放鬆心情後，就又會想嘗嘗那裡的咖啡與吐司。

京都有很多喝得到咖啡的場所，每個造訪的人也都有自己支持的店家。我最近比較常去「INODA Coffee」。總店給人寬敞的感覺，菜單也不會塞滿一堆讓人覺得讀起來很煩的促銷文案，所以去那邊總是很輕鬆。如果肚子有點餓，還可以在那邊吃點東西。店裡有許多客人，作為共用的空間而言，INODA算是剛剛好。這陣子的經典咖啡也不那麼酸。我習慣點沙拉與火腿三明治搭配「阿拉比亞珍珠」的咖啡。這是變成大叔，磨去稜角之後的我，目前最喜歡的經典搭配。

第5章 咖啡與甜點

甜點可為人帶來幸福的感覺。對於一年365天，天天都是甜點日的我而言，我特別喜歡甜點與咖啡的搭配。甜點與咖啡本身都已經夠好吃，但兩種味道融合之後，又能發現新味道。一口咖啡一口甜點，然後再喝一口咖啡，哎呀，還真是不可思議啊，哈哈哈。

把Marmelo的「義大利脆餅」泡在咖啡裡，泡得溼溼地再吃。→look page 97

稍微聞到咖啡香氣就立刻知道！

烘豆漸入佳境後，房間也充滿了咖啡的甜甜香氣。咖啡的味道是由當天的混合與烘焙程度決定。香氣會刺激我的嗅覺，喝之前，腦袋會悄悄浮現「適合搭配今天這支咖啡的是這種蛋糕吧…」。然後豆子烘好時，那天的甜點也會清楚地出現在腦海裡。

我會依照豆子的香氣決定是要搭配日式甜點還是水果。我會想到最適合的搭配。烘完豆子後，喝一口咖啡，對自己的味覺多分確定後，就會偷偷地買塊心目中的蛋糕，當成「今晚的點心」，也會讓鱷魚先生吃。

「怎麼回事？這塊蛋糕跟咖啡亂對味的啊！」

「這個紅豆餡配這個咖啡，絕配啊！」

「這種口感配這種咖啡，真不賴啊！」

面對一邊說著怪腔怪調的關西腔，一邊以為今天買的蛋糕剛好與咖啡對味的鱷魚先生，我只能在心中大喊：「我可是從一開始就挑選跟咖啡對味的點心，會這麼對味不是廢話嗎？」我可是很有信心可以找出咖啡與甜點的最佳組合喲。雖然有時我自己也會覺得「我是不是笨蛋啊」，不過我的正確率可是很高的，常常能挑得很成功。

挑甜點是有祕訣的。

① 首先，分析咖啡香氣裡的甜味。濃郁的香氣會帶著濃厚的甜味與性質。

② 聞起來像堅果的味道時，可視程度選擇起司或巧克力。

③ 聞起來像蜂蜜的話，就選擇酥酥粉粉的烘焙甜點。甜甜圈或是鬆餅都是選擇之一。

④ 如果最先感受到的是粉粉的感覺，就選擇口感溼潤的蛋糕。

⑤ 如果是果香味強烈的咖啡，就選擇水果或是堅果類的甜點。

⑥ 如果聞起來像是砂糖醬油香，日式甜點是絕佳的選擇。

諸如此類的搭配，我的腦袋每天都在想當天的咖啡與甜點。因為啊，與其只有品嘗咖啡或是只享受甜點，我更愛兩者的組合，因為味道會變得更豐富、更有層次。

更重要的是，沒有甜點我就活不下去。如果一定得從每日的三餐與甜點選擇一邊，我肯定毫不猶豫地選擇甜點。我希望一天至少能吃一次甜點。咖啡是365天的甜點的最佳良伴。甜點與咖啡，若不嘗嘗兩者編織而成的∞美味那真是虧大了！建議大家邊想邊實際搭配看看，如果找到絕佳的搭配就大笑，因為享樂與美味總是一起出現的喲。

與咖啡對味的甜點

1

2

3

4

5

6

7

8

1

JEAN-PAUL HEVIN
「馬可波羅」

巧克力界的王者。巧克力的味道自然不在話下，「層層疊合」的構造也很有趣。從一口含得嘴巴鼓鼓的，到吞進肚子裡的瞬間為止，可嘗到好幾層的巧克力與素材帶來的層次。咖啡也是一樣，希望每一口咖啡疊出不同的滋味之餘，盡情享受每一滴咖啡的美味。

（線上商店）
http://www.jph-japon.co.jp/shop/
☎ 03-5291-9285

2

Frederic Cassel
「泡芙」

吃到這個之後，讓人直想把卡士達醬稱為「香草奶油」。多餘的話不用說，就是這麼優質的味道，是泡芙界的王者。奶油與外皮紮實的味道相遇後就是泡芙，這個泡芙教會了我這件事。

（銀座三越店）
東京都中央區銀座4-6-16 B2F
☎ 03-3562-1111（代）

3

Salon de The Angelina
「蒙布朗」

這個蒙布朗顛覆了之前所有的概念。濃厚的栗子醬底下藏著大量的鮮奶油，在口中輕輕化開的蛋白霜正對我喃喃細語。「還可以再吃，還可以多吃一口喲」，回過神來，才發現自己完全被它洗腦。

（PRINTEMPS 銀座）
東京都中央區銀座3-2-1 本館2F
☎ 03-3567-7871

4

Frederic Cassel
「香草千層派」

因為是 Frederic Cassel 直授，所以絕對很美味。這個千層派共有729層，共有三塊。以大溪地產的香草勾勒風味的卡士達醬與派皮層層疊合，一口咬下，就像是煙火在夜空綻放般的精彩。對於味覺的追求毫不妥協。真是太棒了！

（銀座三越店）
東京都中央區銀座4-6-16 B2F
☎ 03-3562-1111（代）

5

銀座Bakery
「蜂蜜蛋糕夾心餅乾 萊姆酒葡萄乾」

蜂蜜蛋糕與夾心餅乾的綜合體？口感比外表輕盈許多，放進嘴裡，意外的驚喜隨之綻放。大快朵頤之後才發現忘記搭配咖啡，但這一定跟咖啡很對味。試著放涼後再搭配看看，一定會重新見識到二倍有趣的味道。

東京都中央區銀座1-5-5
☎ 03-3538-0155

6

NOAKE TOKYO淺草店
「焦糖香蕉」

這是在第一屆「員工咖啡」搭配咖啡的甜點，也是很有回憶的甜點。香蕉與咖啡對味，但是在香蕉淋上大量焦糖且口感十分溼潤的蛋糕，訴求著直竄腦門的美味。能與其抗衡的就是不遜於蛋糕的超濃咖啡。

東京都台東區淺草5-3-7
☎ 03-5849-4256

7

帝國Hotel Gargantua
「水果蛋糕」

咖啡與水果蛋糕算是經典組合，但經典中的經典就屬這個水果蛋糕。極度輕柔的口感與洋酒風味明顯的蛋糕體既膨鬆又細緻，顏色也十分優雅。與咖啡搭配時，會讓人加速溶化。經典款的蛋糕就要搭配又經典又透明的那款咖啡。

東京都千代田區內幸町1-1-1
帝國Hotel東京 本館一樓
☎ 03-3539-8086

8

銀座千疋屋
「銀座蘋果年輪蛋糕」

咖啡與肉桂超級對味。蘋果與肉桂也是絕配，所以不可能不搭。煮透的蘋果糖漿溼潤地浸透蛋糕之餘，與咖啡那略苦的滋味組合，會在口中散發出超乎想像的香氣。請務必品嘗這份驚喜。

東京都中央區銀座5-5-1
☎ 03-3572-0101（代）

11

12

13

14

15

16

9

資生堂Parlour銀座總店
「草莓蛋糕」

烘豆子的時候，覺得咖啡香氣很滑順就會選擇草莓蛋糕。滑順、纖細、濃縮職人心思的味道與美觀的外表堪稱完美。滑過喉嚨的瞬間，讓人回想起沖繩縣產本和香糖是日本之心。

東京都中央區銀座8-8-3
東京銀座資生堂大樓
☎ 03-3572-2147（一樓販賣部）

10

TORAYA CAFÉ青山店
「紅豆可可糖皮」

至今仍難忘懷初次入口的滋味。紅豆餡與巧克力譜成濃厚的滋味。百番尋思之下，當時的口感仍是前所未有。長尾智子小姐協力開發的這款甜點，是我心目中的傳說之一。即便不愛吃紅豆餡也沒關係，建議務必試上一次。

東京都港區南青山1丁目1-1
新青山大樓西館地下一樓
☎ 03-5414-0141

11

御影高杉
「瑪德蓮小蛋糕」

總之我就是喜歡小蛋糕。明明這麼小一顆，味道卻是超乎想像的鮮明。一邊享受咖啡與聊天，一邊把這小瑪德蓮塞進嘴巴裡。這款瑪德蓮與利用牛奶、砂糖調味的咖啡更是對味。大家不妨在咖啡調成自己喜歡的味道後，再仔細品嘗這款瑪德蓮吧。

（御影總店）
兵庫縣神戶市東灘區御影2-4-10 101號
☎ 078-811-1234

12

DALLOYAU
「法國白吐司」與「果醬」

這種滑順感有事嗎？口感滑順溼潤的五片切包裝的吐司烤過後，溼潤的口感變得更明顯，接著在上面塗滿以草莓與樹莓混合製成的果醬，就是一道確確實實的甜點。魅惑人心的口感可與咖啡歐蕾搭配。

（銀座總店）
東京都中央區銀座6-9-3
☎ 03-3289-8260

13

JUCHHEIM
「年輪蛋糕」

住在神戶的趣味之一，就是去總店買從工廠直接送來的年輪蛋糕，而且我都買最大塊的。鼓足勇氣提出「請幫我切最大塊的」要求之後，就只需等待那份充滿任性的美味。這就是My Best年輪蛋糕！

（總店）
兵庫縣神戶市中央區元町通1-4-13
☎ 078-333-6868

14

喫茶 月森
「與前田的大叔約定的甜甜圈」

「哪天我自己開店時，我要在店裡賣大叔的甜甜圈。可以嗎？」朋友第一次吃到這個甜甜圈的時候，大叔跟我約好「到時候一定要賣喔」。這個約定在經過漫長的時間後，在「月森」完成了。完成夢想的甜甜圈是特別的存在。

兵庫縣神戶市灘區八幡町3-6-17
六甲Villa 1之B
☎ 078-861-1570

15

Noix de beurre
「起司蛋糕」

有時就是會想要吃起司蛋糕搭配咖啡的組合，而且想吃的是口感溼潤膨鬆的起司蛋糕。這時候，這家的起司蛋糕就是最經典的選擇。在蛋糕上面鋪一層鮮奶油，會讓圓潤的口感大為增幅，連帶著咖啡也會變得柔和。真是好吃得太令人可恨了。

東京都新宿區新宿3-14-1
伊勢丹新宿店地下一樓
☎ 03-3352-1111（代表號）

16

Li Pore
「鳳梨酥」

聽說寮國的婆婆會在路邊製作鳳梨醬。我想喝亞洲咖啡時，就會選擇這款甜點。簡單的外觀卻藏著看似平凡的鳳梨醬，與咖啡搭配後，心情也變得很亞洲。寮國的景色瞬間變得鮮明。

東京都新宿區新宿3-14-1
伊勢丹新宿店地下一樓
☎ 03-3352-1111（代表號）

17

18

19

20

21

22

23

24

17

虎屋
小倉羊羹「夜之梅」

我家的居家點心就是「虎屋」的季節性羊羹。話雖如此，要搭配咖啡的話，還是建議選擇小倉羊羹的「夜之梅」。這個名字源自將露出切口的小倉紅豆比喻成夜裡綻放的白色梅花。淡淡的甜味、略硬的口感，餘韻美妙的羊羹與咖啡的組合。

（訂購專線）
0120-45-4121
www.toraya-group.co.jp

18

梅園 淺草總店
「蜜豆寒天」與「小倉白玉」

會不會太奢侈？蜜豆寒天與小倉白玉一起買，然後一起裝碗，看起來就像是日式甜點的聖代。濃厚的黑蜜與寒天，後韻美妙的紅豆餡搭配湯圓。帶有鹽味的紅豌豆可帶來畫龍點睛的效果。我總是搭著濃濃的咖啡盡情品嘗這份「老街的味道」。

東京都台東區淺草1-31-12
☎ 03-3841-7580

19

麻布昇月堂
「一枚流布黑蜜羊羹」

光是看外表就令人雀躍。輕巧的滋味在體內如閃電般竄流。吃一口再配一口咖啡，然後再吃一口，一下子就吃完一整塊，所以跟老公一起吃的時候，都很難把餡料分得公平，這也是吵架的對罵本。現在我都會問「你想吃哪邊？」再切。

東京都港區西麻布4-22-12
☎ 03-3407-0040

20

梅林堂
「滿願成就」

這不是鯛魚燒，是瑪德蓮！裡面還放了羊羹！！居然不是紅豆，是羊羹耶！！！這份衝擊不吃不會了解。一如看外表不會知道每個人的內在魅力一樣，這份魅力只有吃了才會知道。一口大小的模樣與咖啡驚人地搭配。

埼玉縣熊谷市箱田6-6-15 箱田本店
☎ 048-521-4651

21

山田一
「安倍川麻糬」

我一個人可以吃完一整排。不對，是兩排。不對，是可以吃一個L型的分量，最後老公只剩兩顆可以吃……這個麻糬會讓人一吃就停不下來。清柔的滋味會在口中擴散，感覺上，每一顆麻糬都像是帶著微笑在說：「吃掉我也沒關係喔」。

靜岡縣靜岡市駿河區登呂5-15-13
☎ 054-287-2111

22

鍵善良房
「鍵麻糬」

「說是日式甜點，味道比想像中的濃郁紮實。所以搭配的咖啡也不能輸給這份濃郁」，這是鱷魚先生的口頭禪。若搭配的是使用黃豆粉製作的甜點，就要把咖啡的味道煮得厚實。這是鱷魚先生愛吃的甜點，所以會把咖啡煮得特別濃。

京都府京都市東山區祇園町北側264
☎ 075-561-1818

23

boudai本舖
「栗甘納糖」與「澀皮栗甘納糖」

要吃糖漬栗子的話，我絕對推薦這家，因為好吃到不像糖漬栗子。除了栗子的風味紮實，甜味也輕柔滑順。澀皮的有無會讓味道瞬間改變。我都是一邊喝著像利口酒般的咖啡，一邊把整顆塞進嘴裡。

京都府京都市左京區川端通
二條上行東行新先斗町137
☎ 075-771-1871

24

金澤的傳統甜點
「加賀五色生菓子」

第一眼看到，心情就跟著華麗起來。這是從江戶時代傳承下來的金澤喜慶甜點。五種顏色分別有不同的意義，聽說是代表天地萬物，其中包含日、月、山、海、故鄉，也藏有活著的喜悅。吃這款甜點時，我都用品嘗日本茶的感覺搭配咖啡。圖中是「越山甘清堂」的產品。

（越山甘清堂）
石川縣　金澤市武藏町13-17
☎ 076-221-0336

25

26

25

壺屋總本店
「甜點」

這款從明治時代傳承至今的法國傳統甜點有各種形狀，每一片的味道也都不一樣。即便是活在現代的我，也因為如此樸實的味道而對一百年前的人深深著迷。每吃一片配一口咖啡，咖啡的滋味也會每次都不同，所以一不注意就會吃太多。搭配著吃真的很有趣。

東京都文京區本鄉3-42-8
☎ 03-3811-4645

26

Sfera
莫內

「莫內」這是從莫內的「睡蓮」聯想而來的乾甜點，在眾多乾甜點之中，我最喜歡這個。在口中瞬間化開的口感會讓人打直背脊，瞬間清醒。洗練而高雅的滋味令我非常沉醉，而且也很有型，再也找不到這麼完美的甜點了。

京都府京都市東山區繩手通新橋上行西側弁財天町17 Sfera大樓
☎ 075-532-1105

27

27

福砂屋 長崎總店
「荷蘭蛋糕」

每次看到荷蘭蛋糕我就想喝咖啡。口感溼潤的傳統蜂蜜蛋糕之中，揉和了香氣高雅的可可粉，核桃與葡萄乾也替這款蛋糕增添了重點。這些材料蘊育出的圓潤滋味與咖啡有幾分相似。希望大家用心品嘗這兩種褐色食物交織而成的芳醇時光。

長崎縣長崎市船大工町3-1
☎ 095-821-2938（代）

page81

Marmelo
「義大利脆餅」

首先喝一口咖啡，接著再單吃義大利脆餅。吃出兩者的味道後，再把義大利脆餅泡在咖啡裡，然後溼溼的一口塞進嘴裡。這麼一來，就會變成另一種食物，兩者的味道也會產生共鳴。這種新的美味還真是教人難以抗拒。

兵庫縣神戶市中央區元町通1-7-2
new moto大樓五樓
☎ 078-381-6605

目標是「資生堂Parlour」的草莓聖代的感覺

早期江東區的門前仲町有一間咖啡廳，我從19歲到25歲都在那裡打工。姑且不談打工的事，當時老闆以及老闆的媽媽常拜託我去銀座買東西。偶爾跑腿會有跑腿費，而且跑腿費的種類也很多，對我而言，資生堂Parlour的草莓聖代是最棒的跑腿費。我常去的不是總店，而是松屋銀座八樓的Parlour（真可惜，現在已經沒有了）。

我只要一喜歡，就會不厭其煩地一直吃同樣的東西，草莓聖代也不例外，我到25歲之前都還很常吃，所以才會產生「草莓聖代」=「資生堂Parlour」這種無可救藥的價值觀，現在也都還是這樣。

到底這種草莓聖代的魅力何在？

我覺得是整體很均衡這點。草莓不會太過搶戲，冰淇淋也不會太過高調，淋醬與鮮奶油也恰如其份。份量也很剛好。總店還有總店才有的花樣，不過基本是相同的（照片為總店的聖代）。

使用高級草莓的聖代有很多，使用高級冰淇淋的也隨處可見，但是能把所有元素巧妙地匯集在這個稱為「草莓聖代」的宇宙裡的，據我所知只有資生堂Parlour。所以，我也想讓我的咖啡呈現這種整體的均衡感。

鱷魚蛋糕

被問到：「員工大人會烤蛋糕吧」。小時候就很喜歡烘焙點心，所以完全沒問題，但主題是「鱷魚蛋糕」，開頭有「鱷魚」兩字，讓我覺得很煩惱。

金澤舉辦的活動是以「一定要是手工製作的甜點與組合」為前提。一方面是一直很照顧我們的人請託，一方面鱷魚先生也很想參加。由於是被告知之後的事情，再怎麼想也是為時已晚。

聽到「鱷魚蛋糕」，你會想到什麼？許多人應該會想到鱷魚的形狀吧。極少數的人會想到鱷魚肉，但大部分都是想到「鱷魚」的形狀才對。與咖啡一起吃，心情就會變得很愉悅的鱷魚。由於是與鱷魚先生的咖啡搭配的蛋糕，如果是自己做的話，就能使用他的咖啡製作水果蛋糕。

我把自己喜歡的食譜改成鱷魚流食譜。將乾燥水果泡在金澤做的咖啡酒裡，然後減少麵粉的分量，再以咖啡粉補足剛剛減少的麵粉量。用萃取濃度很高的咖啡製作咖啡歐蕾之後，把剛剛做的東西當成牛奶的代用品使用。

我請鱷魚先生以及他的朋友試吃烤好的蛋糕，聽取他們的意見：「好有趣！沒吃過的口感。跟好喝的咖啡很搭」。雖然味道不錯，卻沒有關鍵的鱷魚印象。「真頭痛啊！」

我不斷地煩惱這點，最後加了一隻小鱷魚的裝飾，然後說服自己：「應該勉強可以過關吧」。

鱷魚蛋糕的食譜

材料（18×8×6公分、
　磅蛋糕模型1個量）
洋酒醃漬的果實
　（綜合水果）：150g
奶油：80g
砂糖：80g
蛋黃：2顆量
咖啡利口酒：2大匙
咖啡歐蕾：1大匙
蛋白：2顆量
麵粉（低筋麵粉）：75g
咖啡細粉：25g
（跟麵粉混成100g）
泡打粉½小匙
可可粉：1小匙
肉桂粉：½小匙
肉豆蔻粉：少許
塗在磅蛋糕模型內側的
　奶油與麵粉：少許

事前準備
Ⓐ 把麵粉、咖啡粉、泡打粉、可可粉、香料粉拌在一起後，過篩三次。砂糖過篩一次。
Ⓑ 從冰箱拿出奶油，放到恢復常溫為止。
Ⓒ 在模型的底部與內側塗一層薄薄的奶油，再撒一點麵粉（也可以鋪一層石蠟紙）。
Ⓓ 烤箱先預熱至140～150度。

製作方法
① 先用打蛋器輕輕攪拌奶油，再將60g的砂糖分2～3次拌入，然後再以打蛋器用力將奶油打到變白為止。拌入足夠的空氣是這個步驟的關鍵。
② 將蛋黃拌入步驟①的食材後，再倒入咖啡利口酒、咖啡歐蕾，然後打至發泡為止。將2大匙的Ⓐ的粉類食材加進洋酒醃漬的果實裡。
③ 將蛋白打發至均勻的程度後，把剩下的砂糖分3～4次倒入，再用力打發蛋白，直到打成拉出的角不會倒塌的蛋白霜為止。
④ 將半量的蛋白霜倒入步驟②的食材，再以木製撥板攪拌均勻。撒入剩下的Ⓐ的粉類食材，再以往下切的感覺攪拌（不要攪拌到出現筋性）。倒入剩下的蛋白霜，再攪拌到表面出現光澤為止。
⑤ 將步驟④的食材倒入模型，再將表面抹平。
⑥ 放在烤箱裡烤一小時。從烤箱拿出來後，靜置2～3分鐘再脫模，然後放在鐵網上放涼。

與水果對味的咖啡是…

「咖啡跟水果對味嗎？」我常被問這個問題。如果繼續聊下去，就會被問到「是跟新鮮的，乾燥的水果對味？怎麼樣的味道？」我能簡單地告訴對方甜點與咖啡的組合，但是換成水果的話（尤其是新鮮水果），就一定要舉出具體的例子，例如吃的時候的感想以及對味的理由吧？聽的人也必須運用一下自己的想像力。

我家的咖啡跟水果很對味。除了跟水果對味，跟蔬菜也很搭，尤其跟甜味明顯的蔬菜很搭，如果是甜味強烈的水果，那更是絕配。比起清爽的咖啡，濃得化不開的咖啡與新鮮水果更搭。我最鍾情的就是香蕉。口感Q彈的香蕉搭配咖啡一起吃，總是讓我覺得「啊～這樣不會太幸福了嗎」。香蕉的甜味能為咖啡的風味帶來新鮮感。我覺得早上吃香蕉與咖啡，能讓想睡的感覺煙消雲散。

基本上，讓人覺得「跟巧克力很搭」的水果，大概跟咖啡也很搭。請大家稍微想像一下吃橘子的味道。清爽的橘子風味與微苦的可可粉是絕配。清爽的風味與微苦的滋味會因為「甜味」融合成美味。如果在喝咖啡的時候突然覺得「這味道有點像巧克力耶」，就請搭水果試試看。

新的發現與驚奇就藏在這些嘗試裡。只要多方嘗試，一定能為自己喜歡的咖啡找到適合搭配的水果。

追記◎喝起來澀澀的咖啡與水果不搭。
這跟澀澀的水果不好吃是一樣的理由。

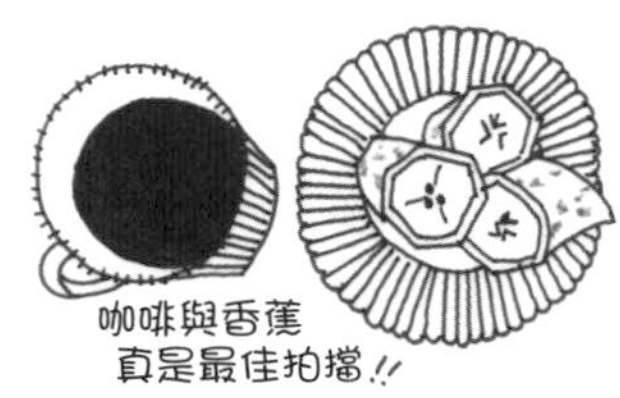

第6章 咖啡是調味料

契機是覺得東南亞的人在吃飯時搭配甜咖啡的飲食文化很有趣。因此，我家常備的調味料就是「sasisusesoko」，也就是砂糖、鹽、醋、醬油、味噌以及最後的咖啡。雖然不是什麼料理都可用，不過卻能當成淡淡的提味料使用，或是代替去腥的酒使用。失敗為成功之母。經過各種嘗試後，煮飯與吃飯都會變得很有趣。

用冷掉也好喝的咖啡料理

「如果是真的煮得很好喝的咖啡，冷掉也很好喝喲！」所以我一直以煮出這種咖啡為目標努力。肩膀放鬆，邊觀察泡泡的膨脹程度邊煮，自然而然可以煮出冷掉也好喝的咖啡，味道簡直就跟酒一樣。現煮的咖啡好喝是應該的。真正好喝的咖啡要連冷掉的時候都好喝。

我去中式餐廳時，看到廚房的廚師用果醬的瓶子裝水喝。看到廚師打開與關上蓋子的模樣，還真是賞心悅目。所以我模仿廚師的舉動，將多餘的咖啡裝在瓶子裡，假裝成調味料的樣子，然後用實驗的心情把咖啡加在料理裡。「中川家的料理的提味料之一是咖啡」，這聽起來是不是有點特別呢。

連馬鈴薯燉肉也可以加咖啡

之所以會把冷掉也好喝的咖啡含在嘴裡，是為了想像咖啡與料理在味道上的契合度。我太常聊料理與咖啡的事情，所以我朋友才向我提出：「加在馬鈴薯燉肉如何？」這個點子。鱷魚先生烘出味道濃厚的咖啡時，會有溜醬油、醬油糯米糰子、醬油般的甘甜香氣。這時候我就會覺得「應該跟日式料理很合」。

我立刻試著做做看。在香甜鬆軟的馬鈴薯燉肉裡倒入「提味料份量」的咖啡會比較理想。我端給鱷魚先生的時候，他跟我說：「看起來有點像是燉菜耶」。馬鈴薯燉肉像燉？這是怎麼一回事？我試味道的時候感覺不出來，不過跟白飯搭在一起後，這道日式料理就出現淡淡的西式風味。這簡直就像是咖啡異文化的交流。

馬鈴薯燉肉

材料（2人分）
牛肉（切細）：200g
大顆馬鈴薯：3顆
胡蘿蔔：½根
大顆洋蔥：1顆
水：200ml
醬油：2 ½大匙
砂糖：2大匙
味醂：3大匙
咖啡：3小匙

製作方法
① 將肉的油倒入鍋裡加熱。
② 加熱到油冒出小泡泡後，倒入牛肉拌炒。
③ 牛肉炒到咖啡色後，倒入馬鈴薯與胡蘿蔔。
④ 不斷拌炒，直到蔬菜稍微熟了為止。
⑤ 將洋蔥均勻撒在料理表面，把洋蔥當蓋子，悶煮底下的食材。
⑥ 倒入淹過食材的水量。
⑦ 一邊想像湯汁收乾時的味道，一邊倒入醬油與砂糖。蓋上真正的蓋子，煮到發出沸騰時的聲音為止。
⑧ 這時候湯面會漂著浮沫，請細心地全部撈除，然後再倒入咖啡（倒越多，咖啡味越重）。
⑨ 湯汁越煮越少時，請一邊試味道，一邊以醬油、砂糖、咖啡微調味道。
⑩ 持續熬煮，直到湯汁收乾為止。
⑪ 啊！別忘了加荷蘭豆。倒入摻鹽的熱水汆煮後，放入冷水冰鎮。拿出來後斜切。這是要當成配色的材料。
⑫ 盛盤後就完成了！

加了咖啡才美味的味噌鯖魚

在做了很多遍之後，了解很多事情的適合與不適合，但就這道料理而言，算是超級成功的。

鱷魚先生不太喜歡青背魚的腥味，不過我很喜歡鯖魚的味道，常讓它出現在晚飯的桌上，但每次做，他都會一臉陰霾地說：「妳還真是喜歡鯖魚耶」。

既然如此，我決定實驗一下，看看「加了咖啡會有什麼結果？」鯖魚的腥味很強烈，所以很推薦害怕腥味的人試試看。請像加酒一樣加入提味料份量的咖啡。通常不會感覺到咖啡的味道，但是會讓味噌鯖魚的芳醇多點苦味。殘留在舌頭上那似有若無的苦味是最棒的組合。

「今天又是鯖魚？」鱷魚先生一臉不悅的問我，但是看到我一臉「快吃吃看」的表情，就驚訝地問：「難道妳加了咖啡？」也開始對鯖魚有興趣。之前吃都是一臉不悅，但這次卻笑嘻嘻地說：「這個真好吃！」看到一直對鯖魚毫無反應的鱷魚先生這麼開心，雀躍的心情也悄悄地在我的心底浮現。

「咖啡很適合替味噌熬煮的料理加分啊，而且還能去腥，真是不錯的點子。如果要把咖啡加在料理裡，就要把咖啡用成『誰都能使用的調味料』，不然就沒有意思了，要多加油啊！」聽到鱷魚先生這麼跟我說之後，我更想把員工咖啡用來實驗。

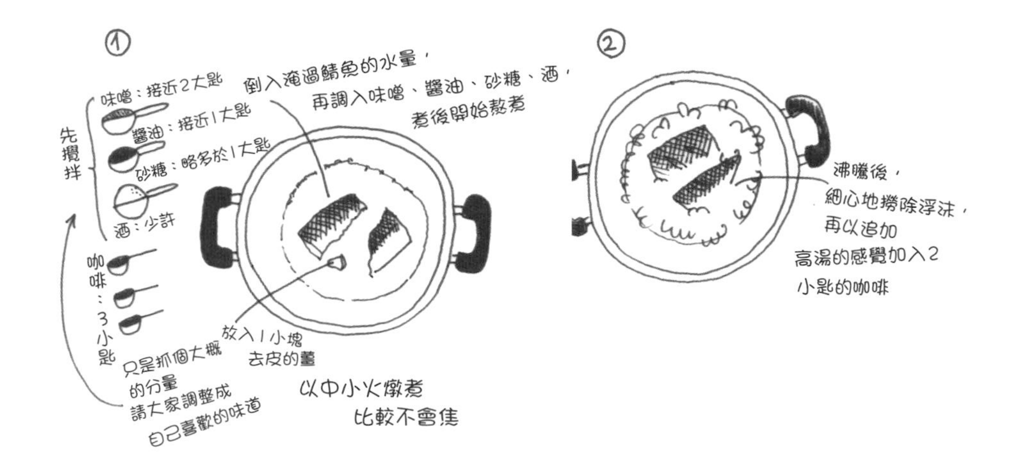

③ 蓋一層鋁箔紙當蓋子
煮到發出沸騰的聲音為止。

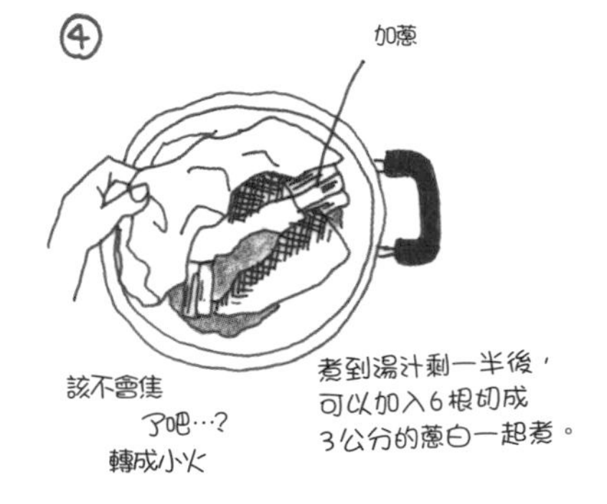

⑤ 冒泡 冒泡

冒泡
冒泡

湯汁收乾後，
最後像是倒味醂般，
加入一小匙的咖啡收尾。

⑥ 湯汁完全收乾後就完成了。
請在旁邊放點薑絲一起吃！

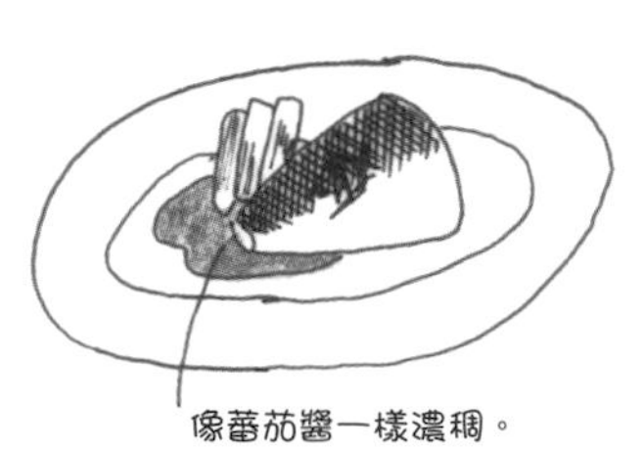

大膽地在咖哩飯加咖啡

從小我就用麵粉煮咖哩。這比用咖哩塊來煮還簡單，而且也能煮出自己喜歡的味道，所以味道會隨著咖哩粉與調味料變得完全不同。我喜歡的是復古又柔和的味道。

用奶油炒洋蔥、大蒜與薑。不用炒到變成金黃色，炒軟就可以。接著拌入麵粉，等到麵粉與炒料拌勻，再倒入喜歡的市售咖啡粉就完成了。

放入咖哩粉之後，有個偷吃步的小技巧可以派上用場。就是在當成咖哩塊的料裡加點水調開。為了避免結塊，請慢慢地加水，再以漩渦狀的方向攪拌。這跟煮咖啡是一樣的感覺。

在另一支鍋子裡炒好胡蘿蔔、馬鈴薯與肉。等到咖啡塊煮成恰到好處的濃稠度之後，倒入原本那支鍋子，接著加水，再加入高湯粉，煮到沸騰為止。

這時候就可以一口氣倒入一杯量的咖啡！持續熬煮，等到水份慢慢揮發，湯汁變成喜歡的黏稠度為止。最後的收尾就是利用牛奶、醬油或是伍斯特醬提味。喜歡鹹辣一點的咖哩可以加鹽或胡椒。

過中午之後開始準備到傍晚前的這段時間，可以煮出我最喜歡的黏稠感。我很討厭花時間煮飯，可是為了煮出喜歡的黏稠度，我願意多花一點時間。咖哩跟咖啡一樣，雖然得花時間煮，但是放鬆心情，享受料理的過程是很重要的。

烘豆師到了吃飯時間又開始碎碎唸。「每次都是加了咖啡的料理，是不是該節制一點了？」他叫我做普通的咖哩，但是我還在咖啡料理的實驗途中。

在鱷魚先生的經典咖哩也加

鱷魚先生每次煮同樣的咖哩，一定是兩種咖哩塊各半的綜合咖哩。盤子裡一定有大大的蔬菜，而且一定要做成「像媽媽做的咖哩」不可。他常用「如果不是誰都能輕鬆做，就不是咖哩」這句話嫌棄我用麵粉煮的咖哩。的確，我知道像媽媽煮的經典咖哩很好吃，但我的咖哩也是一種咖哩，而且還很有令人懷念的味道。

偶爾鱷魚先生會煮飯。菜色不是咖哩就是海瓜子肉與蘆筍，不然就是山茼蒿羅勒義大利麵。說是他煮飯，其實事前準備跟事後收拾都是我，他只做他覺得有趣的部分。他每次都吹噓自己很會煮飯。老實說，第一次吃到他煮的飯的時候，真的很難吃。「到底哪裡很會煮？」這是我最直接的感想。最後，鱷魚先生的玻璃心因為我的毒舌而碎了一地……。不過現在已經能煮得比較好吃了（但是事前準備與事後收拾還是我！）

今天的咖哩加了一整杯的咖啡煮。比起當天煮的咖哩，隔天的咖哩的味道更圓潤，咖啡的芳醇也更明顯。

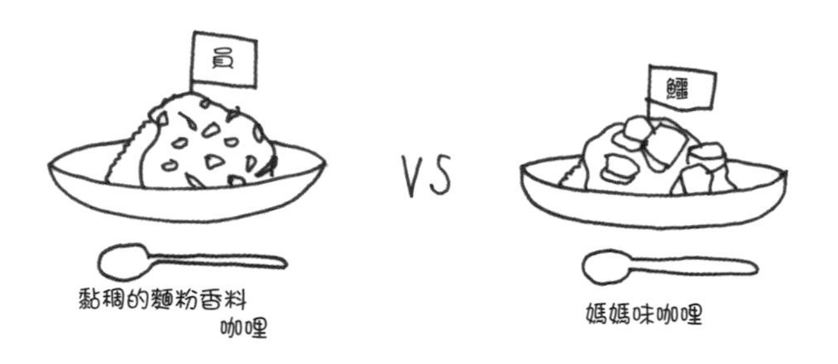

失敗是成功之母、漢堡排

「代替麵包粉的是咖啡粉！」雖然任性，卻不失為好點子？一邊雀躍地這麼想，一邊著手製作漢堡排。不過要是全部都是咖啡就不知道會做成什麼，所以為了加麵包粉而把吐司麵包撕得很碎。將切成末的洋蔥炒熟，再將鹽、胡椒、肉豆蔻倒入絞肉與泡過牛奶的麵包粉裡。

接下來才是重點。磨出約10g的咖啡粉，再把咖啡粉撒在食材裡。仔細搓揉後，一邊想著「應該會比平常做得好吧？」一邊一個人偷偷笑，然後開始煎肉。事件一定就是從那時候開始的……。不對，一開始就打算在「漢堡排」裡加咖啡粉的我才有問題。就結果而言，是一次徹底失敗的實驗。

才剛開始煎，漢堡排就比我預期的還要膨脹。照道理來說，漢堡排煎熟後，只會膨脹至一定的程度，但這次卻有點太膨脹，外觀看起來明明很可愛，卻看到從紅色轉換成褐焦色的咖啡粉。「這是粗研磨的胡椒，是胡椒吧！」我如此強烈地說服自己。明明應該是差不多該煎熟的時候，卻怎麼煎也煎不熟，更糟的是，沒有流出半點肉汁。我邊煎邊想：「漢堡排要這麼費時嗎？」我淋上快要看不見漢堡排的醬汁，讓老公當成晚餐吃，但心裡其實很有罪惡感。

原本笑著說：「開動囉！」的老公突然臉色一沉。

「怎麼沒味道？忘了調味嗎？這樣不行啦！」老公有點小小生氣的感覺。

「怎麼可能！我有調味啦！」

「忘記放鹽跟胡椒嗎？放肉豆蔻了嗎？還是放太少？」

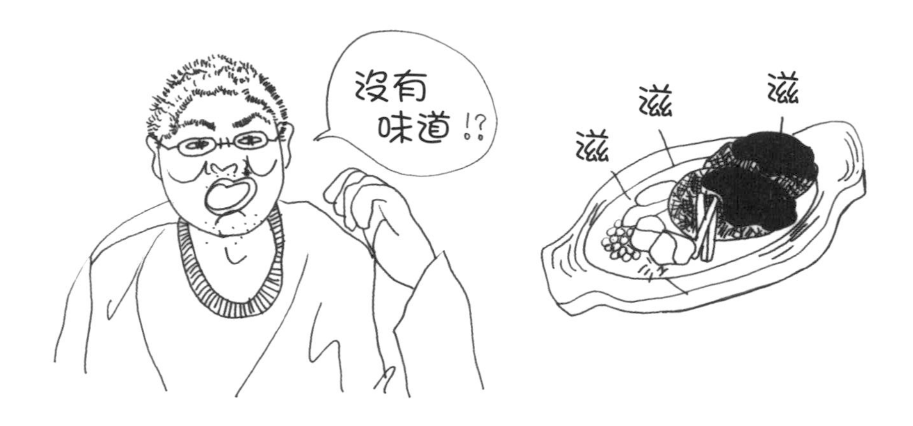

到底是怎麼回事？在接二連三的逼問下，我一直回答：「放了啦」這個事實。「我比你會煮飯喲，別把我當笨蛋啦」，我一邊在心中這麼碎唸，一邊試吃了一口，那瞬間，我的背脊一陣發涼。的確什麼味道也嘗不到，只嘗得到一點點煮過頭的咖啡味，但不管是肉、鹽、胡椒的味道，還是個性鮮明的肉豆蔻，都不知道跑去哪裡了。

我突然想起咖啡可以當成除臭劑使用這件事，也告訴自己咖啡在萃取之後，剩下的當然都是難喝的味道。

「抱歉，我放了咖啡粉」，我老實地向老公認錯。

「用咖啡液不就好了嗎？」老公用不知道該算溫柔還是嚴厲的口吻問我。的確是這樣吧，如果是咖啡液，一定能用來消除肉的腥味。

最後我提醒自己，要用咖啡就要使用液狀的咖啡，而且使用時，只加入提味料程度的分量就好。

鱷魚先生的註解

不要加在漢堡排，而是加在淋在漢堡排上面的多蜜醬裡，才是正確的做法吧？醬汁的味道應該會變得更濃厚紮實。

蛋包飯配咖啡

小時候，我很喜歡有切成絲的蔬菜與肉排的蛋包飯。用筷子挾開蛋包後，裡面是以沒看過的切法切的料。在想著「這是什麼？」的同時，味道就在嘴裡擴散。我覺得這種蛋包飯吃再多也不會胖，所以總是盡情地吃。

之後，我還搭配加分的咖啡。「味道如何？」我如此問鱷魚先生之後，他回答：「好吃是好吃，但會不會有點焦？」他的舌頭還真靈！難道是咖啡放太多，導致水分揮發，所以炒得比平常焦？明明蔬菜的清脆口感是這道料理的重點。

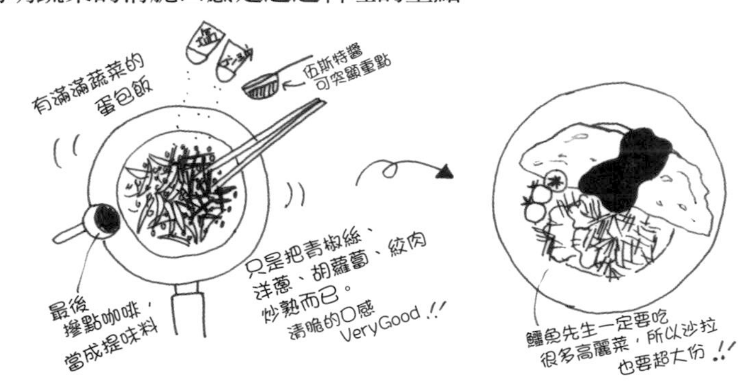

蛋包飯

材料（兩人份）
雞蛋：2顆
牛絞肉：100～150g
（隨個人喜好）
洋蔥：½顆
胡蘿蔔：½根
青椒：2顆
咖啡：1～2大匙
鹽、胡椒：各少許
油：少許
伍斯特醬：少許
蕃茄醬：適量

製作方法
① 洋蔥與胡蘿蔔去皮後切成細絲。青椒切掉蒂頭與刮掉種籽，再切成細絲。
② 將蛋煎成蛋皮。一張蛋皮用一顆蛋煎，也用少許的鹽調味。煎好後，先放在盤子裡備用。
③ 在平底鍋抹一層油，熱油後，放入牛絞肉拌炒。請仔細拌炒，炒到牛絞肉炒成肉燥為止。牛絞肉炒成咖啡色之後，再倒入洋蔥稍微拌炒。
④ 倒入胡蘿蔔與青椒後，撒點鹽與胡椒拌炒。蔬菜稍微炒軟後，倒入一點咖啡。加太多，苦味會太明顯，蔬菜的清脆口感也會消失，所以請視個人喜好斟酌。最後用伍斯特醬調成理想的味道。
⑤ 將炒好的料鋪在蛋皮上，再把蛋皮捲起來。在一旁附上沙拉就完成了。蕃茄醬可視個人喜好添加。

一想著咖啡，一邊隨風旅行了20年的鱷魚先生。在這20年的旅行裡多了一些新夥伴，也一直遇到許多稀奇的咖啡。對他來說，在旅行之中遇見的人與咖啡是活下去的食糧，而這些人也都會讓他知道，該怎麼更快樂地享受每天的咖啡，以及該怎麼更愛咖啡的祕訣。咖啡帶來的世界非常溫暖，而且這世界裡的每個人臉上總是掛著笑容。

優格咖啡

越南。鱷魚先生的目的是親身體會「當地人享受咖啡的方法」，我的目的則是想喝只在書上見過的「優格咖啡」與「雞蛋咖啡」。根本不用管「哪裡才喝得到？」這個問題，因為輕輕鬆鬆就找到優格咖啡。

「Yogurt coffee.Please！」我滿心期待著端出來的飲料。

鱷：「咦，妳要喝這個啊？」

員：「我就是為了喝這個才來越南的啊！」

鱷：「妳還真敢喝啊，我喝普通的咖啡就好。」

鱷魚先生一臉看著怪胎的表情看著我，我不顧他的眼神試喝後，驚為天人地說：

員：「好、好好喝啊～」

我為了這個絕對可行的組合感動不已。

鱷：「有這麼好喝嗎？」

鱷魚先生把他的小眼睛瞇得更小了。我給了他「可以喝喝看」的暗示後，他開心地喝了幾口：「喔，還真的很好喝耶！」口氣簡直就像是他自己找到這款咖啡般的囂張。只要去的店裡有優格咖啡，鱷魚先生都會一臉推薦地說：「要不要喝看看？」「不用了，我喝普通的咖啡就好」

到底是要喝幾杯優格咖啡啊？

回過神來才發現，這就只是在普通的玻璃杯倒入甜甜的咖啡歐蕾，再把摻了砂糖的杯裝優格倒入咖啡歐蕾的飲料。沒錯，就是把優格倒在杯子裡，然後將冰的咖啡歐蕾咕嚕咕嚕倒入杯子。恍然大悟時，整個人都笑了出來。而且，用來提味的是煉乳。回日本之後，應該可以模仿吧。

優格咖啡

製作方法

① 煮一杯冰咖啡歐蕾（參考70頁）
② 倒入大量煉乳調成甜味再攪拌均勻。
③ 將優乳酪（加糖）倒入玻璃杯。
④ 將步驟②的咖啡歐蕾咕嚕咕嚕倒入步驟③的玻璃杯。

鱷魚先生的註解

我覺得利用淺焙咖啡豆明顯的酸味煮的咖啡歐蕾，應該可以模仿出優格咖啡的味道。在牛奶加入酸味或是在咖啡加入酸味都行，總之只要喝起來是酸的就可以，而且一定要加煉乳！優格咖啡若是不甜，味道就會很奇怪。我再次對於煉乳的應用範圍之廣感到吃驚！這也是一項全新的發現。

VIETNAM

在河內。鼓起勇氣點了雞蛋咖啡。喝起來有點像是青草的味道。

旅途中的蛋糕也是一項挑戰。
味道就如外表一般！

河內的卡布奇諾。
對於膨鬆的牛奶甚為驚訝。

請店家把要在房間煮的咖啡磨成粉。
結果磨豆機居然壞了，真是糟糕！

如甜點般的優格咖啡。
與其說是喝咖啡，不如說是用吃的。

大叻以玫瑰花的產地而聞名。
市場到處可見玫瑰花。

不管多麼熱都不會融化的奶油。
看起來是很可愛啦…。

老街的咖啡豆專賣店。
正在討論要買哪一種。

立刻自己試煮越南咖啡。
羅布斯塔的風味很美味。

旅行時，習慣在發票後面圖。
把回憶畫成圖是件很有趣的事。

即便語言不通，
也可透過插圖對話。

大叻旅館的熱咖啡歐蕾。
有種特別不同的心情。

霓虹燈炫爛奪目的咖啡廳。

咖啡的原料是花

跟朋友去寮國參觀大瀑布時，鱷魚先生把地上的花撿起來，放在手心上說：

「這是咖啡的花喔」

往上一看，頭上有許多盛開的白色花朵。這是我這輩子第一次見到這種花，這也是知道這種花是咖啡原料的瞬間。撿在手上的花有股土壤與花蜜的香氣，也給了我強烈的震撼。野生於山路的咖啡原種，就在路旁處處自然地結出果實。我為眼前這毫不起眼、狀似平凡的景色而驚訝。果然只有種植咖啡的國家才有這番景色。

只要時間到了，花就會變成果實，從綠色轉換為成熟的紅色，然後全世界的烘豆師再利用這個種籽煮咖啡。我們每天喝的咖啡色液體，是由人料理農作物而成的飲料。

在這炎熱的國度裡，茂密而繽紛的植物所散發的甜蜜香氣簡直就是大自然的美景。鳥兒的歌聲、突襲龜裂地面的暴風、充滿生物氣息的國度，結實累累的土地才有的人類活力都讓人心情奔放。充滿元氣地活著——這一切都出現在農作物的味道裡。

這個國家生產的咖啡豆是我為之鍾情的味道之一。喝咖啡的時候，請大家務必試著想像咖啡的花。從這種飲料體會到的風土民情，一定會充滿異國色彩。期待大家從這些有別以往的味道裡，找到一些新的發現。

市場的婆婆
賣的甜甜咖啡
最好喝!!

越南人都一臉開心地喝著咖啡

決定要去越南時，就覺得至少要了解一下越南咖啡都是怎麼喝的（就是大家都知道的那回事，把鋁製的濾杯放在玻璃杯上，然後下面放一大堆煉乳的那個），由於是第一次去越南，所以我放下了先入為主的成見，以「只要有人的地方，就沒有難吃的東西」為信念，抱著滿懷的期待坐上飛機。

最先去的地方是大叻。「既然是咖啡豆的產地，那麼到底能與多少好喝的咖啡相遇呢？」心中滿是如此的騷動。接著是去河內。

就結論而言，大致上比在日本喝到的還好喝，煮法也完全不同。萃取時間是越南壓倒性的漫長。細心的店家會把咖啡杯直接泡在熱水裡端出來，然後花時間萃取咖啡。豆子也讓人覺得應該是更高一級的品質（我以前不知道這點）。

總之，越南到處都能喝到咖啡，只要覺得「好熱，想休息」，就會喝咖啡，我也從中找到屬於自己的樂趣，那就是煉乳的溶化程度。一點一點地讓煉乳與咖啡溶合，然後在可能變得太甜的那瞬間住手，咖啡的等級就會更上一層樓，整杯咖啡也充滿了如此高級的感覺。不是隨便什麼地方都會有這種感覺喔，只有在喜歡的地方才有。而且這次住的旅館有很棒的咖啡，把咖啡當成睡前酒喝，之後不管發生什麼事，都是很棒的旅行。

話說回來，這次的咖啡不禁讓我覺得，日本只進口了越南咖啡的形式，卻沒連同享樂的本質一併進口。即便少了當地的興奮感，不對，喝了咖啡之後，會有這種現在身在何方的感覺，然後變成與平常完全不同的 自己，所以日本與越南的咖啡之間，肯定有一些誤差吧。

LAOS

在百細的機場。
鱷魚先生很喜歡這種的咖啡。

百細進入黑夜之前的瞬間。
美不勝收的天色。

寮國的花都開得鮮明美麗。

永珍的夜晚一定是以
咖啡歐蕾作結。

市場婆婆煮的咖啡最美味！

變身成鳳梨。
給超喜歡的女孩子拍照。

優質的羅布斯塔。
我最喜歡的味道。

咖啡的花。
生命力洋溢的顏色。

感覺快把人吸進去的超深瀑布
像不像超大型的圓錐濾杯？

有機會還會再見。
不管多熱都不會溶化的奶油。

用湯姆歷險記的冒險心情
在地面畫圖的時光。

最後…
中川鱷魚烘豆師
的想法

鱷魚標誌的作者、根本kiko

在這份工作剛起步的時候幫我畫鱷魚標誌的是kiko。他是我繪畫學校的同學，我們大概快十年沒見，也有夠久沒聊天。「雖然是打電話，但真的能聊得起來嗎？」遊訪東南亞各國後，有個想法一直盤繞在我心裡，我想跟他說說這個想法。

透過咖啡與人邂逅。咖啡是我的嗜好，所以跟喜歡的東西一起度過每分每秒是件很快樂的事。只不過，從事烘豆業長達二十年後，周圍的風景也跟著改變，心中也湧現一股無可奈何的排斥感。「這到底是怎麼樣的心情？」邊想著這點，時間也跟著流逝，我也越來越厭倦想這個問題。

寮國人的生命感、持續變化的大街、男女平等的平凡生活。連續四年去寮國，發現首都永珍的街景急速變化，慢慢地失去它原有的風貌，惟獨人的熱情依舊不變。從其他國家來訪的人就與當地居民坐在一起吃飯、喝咖啡。我沒喝過專門賣給外國人的難喝咖啡，不過我覺得，當地人吃早餐時必喝的甜咖啡，一定是幫助他們度過一整天的飲料，所以住在當地的時候，我每天早上一定都喝，也悄悄地從中發現原本視而不見的生活。

在這過程中開始莫名地覺得：「咖啡到底是為誰而生的呢？」第四次到寮國時，從陸路去了泰國的烏汶府，在街上的咖啡廳觀察人們的一舉一動之後，才發現「咖啡是為了喝的人而生」

這件事。

隔年去了越南，停留的時間從十天到兩週，那時只要還喝得下，就會拼命喝咖啡。這不是為了學習，只是想喝才喝。是啦，我就是這麼喜歡咖啡啦，這也是因為只要有咖啡在身邊，我就能活得像自己，咖啡真的就像是我的寶物一樣。

我知道kiko常去東南亞，不知道他都看到怎麼樣的風景。

接著聊聊咖啡的事情。「我想跟亞洲人一起，在他們的國家平等地從事咖啡的工作」。這是最近開始棲息在我心裡的夢想。雖然我不知道會以什麼方式跟他們一起工作，但在夢想實現之前，我要從身邊能做的事情開始努力。我對kiko說：「如果咖啡的主角不是喝的人，那不是很奇怪嗎？所以，我要透過自己的生活傳達可憑自己喜好跟咖啡相處這件事，一如跟別的食物相處一樣。」「『咖啡是為誰而生？』這句話聽起來真不錯」，說了這句話之後接著說：「Jun君（老公）烘完豆子後，送我你們手工挑剩的豆子就夠了。」

話雖如此，做球讓我們買烘豆機的人也是kiko。這次換成幫我們寫書腰※嗎？還真的是每次都麻煩他啊。

那我就說聲謝謝收下囉。

（※編註：指日文版書腰）

咖啡是為誰而生？

「咖啡應該可以更自由吧？」這個想法肯定是喝了東南亞的咖啡之後才出現的。

為了咖啡教室，我有段時間常於日本各地巡迴。

當時我為了每個地區的飲食文化的多元性而感到不可置信，而且也遇到很多不到當地就喝不到的咖啡，但令我失望的是，特色不明顯的咖啡實在太多了，這讓我開始想：「如果有更多具有在地特色的咖啡，旅行一定會更精彩才對」。九州的特色咖啡才剛萌芽，北海道也似乎有類似的咖啡。不過，這些咖啡的特色都還太模糊，而且不管去哪裡，還是很常喝到沒有特徵的咖啡。這跟好喝不好喝完全是兩碼子事。

我在各地的教室試著問這個問題，但是……與其說反應很遲鈍，倒不如說是變成「那麼到底該怎麼做才好？」的氣氛。

我在想這件事的時候去了寮國、泰國以及越南。最近在想的是「要不要去東協十國，把這些國家的咖啡喝一遍」。在泰國烏汶府的咖啡廳喝咖啡的時候，我看到每位客人與服務生都很有活力的樣子，也思考「咖啡到底是為誰而生？」這個問題。在那裡拿到的《Coffee Traveler》免費雜誌裡，每個享受咖 啡的人都有很棒的眼神。原來是這樣，果然是這樣啊，咖啡果然得是由喝的人最先享受的東西啊。

前幾天，我在寮國百細某個村莊的茶屋喝自己煮的當地咖啡時大吃一驚。姑且不論咖啡好不好喝，我居然喝到了法國的味道！「烘這支豆子的人是哪裡呢？」我問了這個問題後，店員回答是老闆的弟弟。換言之，是寮國人，後來店員又告訴我，教老闆弟弟烘豆子的是法國人。話說回來，德國的咖啡也很有德國味道。在泰國咖啡店的手沖咖啡有可以選豆子的系統，五種咖啡之中，有在泰國種植的豆子。我喝了那裡的手沖咖啡後，又開始思考多餘的事情。「日本有日本味的咖啡嗎？」

回到日本後，我開始從身邊的人問起，越問，我的表情越凝重。日本的咖啡怎麼都那麼制式與無聊呢？簡直是棄喝的人於不顧。

總之，我超愛喝咖啡的。如果一天不喝就不舒服，以烘焙咖啡維生後，更想隨時隨地喝到好喝的咖啡！也是憑著這股信念走到今天。所以我也希望自己一直在做的事情能這樣，也花了不少時間做。今後也一定會繼續這麼做。

持續舉辦咖啡教室

受到永井宏這個人的鼓厲，我展開了咖啡之旅。一開始不是咖啡教室這種形式，但是旅行與咖啡教室變成必然的組合後，我也開始思索咖啡之旅。

我的咖啡教室與那些專門培養專業人員的教室，或是咖啡同業一同鑽研的教室不一樣，最基本的型態與平常會在家裡喝咖啡的人共享現在的時間，然後盡我所學地煮咖啡而已。有時候會有專家參加，但多數都是希望能進一步享受平常所喝的咖啡的人。

持續舉辦咖啡教室十幾年之後，不乏一次有很多人來上課或是只有零星幾個人來上課的經驗。沒人來上課是有點寂寞，但是之所以會讓教室繼續下去，全是為了與喜歡咖啡的人相識，並且還能透過咖啡與他們分享當下的時間，而這樣的過程是很有趣的。我沒有自已的店面，所以通常是以寄送咖啡豆給客人的方式做生意，如果不出席公開的活動，恐怕沒辦法遇見任何人。

在這樣的生活與旅行的目的地舉辦咖啡教室，然後與不同的人相遇，已是我無可取代的喜悅，回過神來，我才發現很多時候，我都不在工作室所在地的東京。

舉辦教室的地點很不一定，我有在某人家裡的佛壇前舉辦過，也曾在有點時髦的咖啡廳舉辦過。只要有人想要參加，在哪裡都可舉辦，然後在各地度過我的時間。

咖啡教室是我的驕傲，也是因為有人支持，咖啡教室才得以成立，所以我要放棄過去的做法，要改成以現在所感受到的形式來舉辦教室。然後一邊仔細觀察喝咖啡的人，一邊與他們進行美味的交流。

話說回來，永井宏過世之前，好像曾對我們共同的朋友說「中川繼續旅行也沒關係喲」，不過這句話到底是什麼意思呢？到現在我還不明白。

今天的一天。

早上十點三十分起床。
枯燥地吃完早餐，看著HIRUOBI這個節目
一邊思考今天烘豆子的流程。
生豆的篩選要跟老婆一起做，要先打開烘豆機。
挑完豆子後，將生豆倒入烘豆機，開始烘豆子。
這是不能分神的作業，所以在豆子烘好之前，沒時間想別的事。
即便已經烘了很多年，只要一點小狀況就會烘壞。
每次看著烘壞的豆子，我心裡都很痛苦。
烘豆完成後，立刻用剛烘好的豆子煮咖啡。
等到這些都結束了，才會吃過了中午很久的午餐。大概會是在下午三點半到四點吃吧。
接著是篩選烘好的豆子。
如果覺得烘得不錯，就開始依照訂單裝袋，接著是寄送作業，然後一天就結束。
心情好的時候，會去唱片行買CD。
努力工作的人應該會覺得：
你這樣有算在工作嗎？
不過我覺得沒關係。
我就是這樣悠哉地持續從事這份工作。
有些風景得在很匆忙的時候才看得到
相對的，有些風景卻是得在緩慢的步調才看得到。
由此而生的就是我所烘焙的咖啡。
這跟正確、錯誤無關，
也沒有所謂的好壞，
我只是認同這樣的生活，然後度過我的每一天。

中川鱷魚、中川京子

ORIGINAL JAPANESE EDITION STAFF

文　中川ワニ・中川京子
撮影　砺波周平・中川京子
イラスト　中川京子
デザイン　若山美樹・佐藤尚美（L'espace）
校閲　小川かつ子
編集担当　深山里映

SPECIAL THANKS

さんのはち　東京都中央区
新富2-4-9　3F
3no8.jimdo.com
根本きこ
鴨川志野　（表紙／手ぬぐい）

TITLE

就是想喝好咖啡

STAFF

出版　瑞昇文化事業股份有限公司
作者　中川鱷魚・中川京子
譯者　許郁文

總編輯　郭湘齡
文字編輯　黃美玉　徐承義　蔣詩綺
美術編輯　陳靜治
排版　執筆者設計工作室
製版　明宏彩色照相製版有限公司
印刷　桂林彩色印刷股份有限公司

法律顧問　經兆國際法律事務所　黃沛聲律師

戶名　瑞昇文化事業股份有限公司
劃撥帳號　19598343
地址　新北市中和區景平路464巷2弄1-4號
電話　(02)2945-3191
傳真　(02)2945-3190
網址　www.rising-books.com.tw
Mail　deepblue@rising-books.com.tw

初版日期　2017年9月
定價　280元

國家圖書館出版品預行編目資料

就是想喝好咖啡 / 中川鱷魚, 中川京子作 ; 許郁文譯. -- 初版. -- 新北市 : 瑞昇文化, 2017.07
128　面 ; 14.8x21　公分
ISBN 978-986-401-179-7(平裝)

1.咖啡

427.42　106007923

TONIKAKU OISHII CAFÉ GA NOMITAI

Originally published in Japan in 2015 by SHUFU TO SEIKATSUSHA CO.,LTD.
Chinese translation rights arranged through DAIKOUSHA INC.,KAWAGOE.